全国交通运输职业教育教学指导委员会规划教材

教育部中等职业教育汽车专业技能课教材

U0649420

Jixie   Shitu

机 械 识 图

全国交通运输职业教育教学指导委员会
中国汽车维修行业协会   组织编写

林治平   主   编

人民交通出版社股份有限公司
China Communications Press Co.,Ltd.

内 容 提 要

本书为全国交通运输职业教育教学指导委员会规划教材。全书共9个单元,主要内容为:制图的基本知识,点、直线、平面的投影,组合体,机件的常用表达方法,标准件与常用件,零件图,装配图,汽车车身结构识读,焊接图与展开图。

本书可作为中等职业教育汽车车身修复专业教材使用,也可作为其他汽车类相关专业的教学参考资料。

图书在版编目(CIP)数据

机械识图 / 林治平主编. —北京 : 人民交通出版社股份有限公司, 2017.3

全国交通运输职业教育教学指导委员会规划教材. 教育部中等职业教育汽车专业技能课教材

ISBN 978-7-114-12382-5

Ⅰ.①机… Ⅱ.①林… Ⅲ.①机械图—识别—中等专业学校—教材 Ⅳ.①TH126.1

中国版本图书馆 CIP 数据核字(2015)第 154565 号

书　　　名:**机械识图**
著　作　者:林治平
责任编辑:翁志新
出版发行:人民交通出版社股份有限公司
地　　　址:(100011)北京市朝阳区安定门外外馆斜街 3 号
网　　　址:http://www.ccpress.com.cn
销售电话:(010)59757973
总 经 销:人民交通出版社股份有限公司发行部
经　　　销:各地新华书店
印　　　刷:北京市密东印刷有限公司
开　　　本:787×1092　1/16
印　　　张:9.75
字　　　数:205 千
版　　　次:2017 年 3 月　第 1 版
印　　　次:2022 年 4 月　第 3 次印刷
书　　　号:ISBN 978-7-114-12382-5
定　　　价:24.00 元

(有印刷、装订质量问题的图书由本公司负责调换)

编审委员会

为深入贯彻落实全国职业教育工作会议精神和《国务院关于加快发展现代职业教育的决定》，促进职业教育专业教学科学化、标准化、规范化，教育部组织制定了《中等职业学校专业教学标准（试行）》。全国交通运输职业教育教学指导委员会具体承担了汽车运用与维修（专业代码082500）、汽车车身修复（专业代码082600）、汽车美容与装潢（专业代码082700）、汽车整车与配件营销（专业代码082800）4个汽车类专业教学标准的制定工作。

根据教育部《关于中等职业教育专业技能课教材选题立项的函》（教职成司函[2012]95号）文件精神，人民交通出版社申报的上述4个汽车类专业技能课教材选题成功立项。

2014年10月，人民交通出版社联合全国交通运输职业教育教学指导委员会、中国汽车维修行业协会在北京召开了"教育部中等职业教育汽车专业技能课教材编写会"，并成立了由全国交通运输职业教育教学指导委员会领导、中国汽车维修行业协会领导、知名汽车维修专家及院校教师组成的教材编审委员会。会上，确定了4个汽车类专业34本教材的编写团队及编写大纲，正式启动了教材编写。

教材的组织编写，是以教育部组织制定的4个汽车类专业教学标准为基本依据进行的。教材从编写到成稿形成以下特色：

1."五位一体"的编审团队。从组织编写之初，就本着"高起点、高标准、高要求"的原则，成立了由国内一流的院校、一流的教师、一流的专家、一流的企业、一流的出版社组成的五位一体的编审团队。

2.精品化的内容。编审团队认真总结了中职院校的优秀教学成果，结合了企业的职业岗位需求，吸收了发达国家的先进职教理念。教材文字精练、插图丰富，尤其是实操性的内容，配了大量实景照片。

3.理实一体的编写模式。教材理论内容浅显易懂，实操内容贴合生产一线，将知识传授、技能训练融为一体，体现"做中学、学中做"的职教思想。

4. 覆盖全国的广泛适用性。本套教材充分考虑了全国各地院校的分布和实际情况，涉及的车型和设备具有代表性和普适性，能满足全国绝大多数中职院校的实际需求。

5. 完善的配套。本套教材包含"思考与练习""技能考核标准"，并配有电子课件和微视频，以达到巩固知识、强化技能、易教易学的目的。

《机械识图》是本套教材中的一本。本教材文字简洁，图文并茂，采用了实用、生动的图例，符合中职学生的年龄特征。

本书的编写分工为：厦门工商旅游学校的姚璇冰编写了单元一、单元六，林治平编写了单元二，黄天元编写了单元三、单元四，王金锋编写了单元五，张保刚编写了单元七，季红宝编写了单元八、单元九。全书由厦门工商旅游学校的林治平担任主编。

限于编者水平，又是完全按照新的教学标准编写，书中难免有不当之处，敬请广大院校师生提出意见和建议，以便再版时完善。

编审委员会
2016 年 3 月

目录 Contents

单元一　制图的基本知识 ································· 1
　课题一　制图工具及使用 ······························· 1
　课题二　制图的基本知识和技能 ··················· 3
　课题三　平面图形的绘制 ···························· 10
　单元小结 ··· 12
　思考与练习 ·· 12

单元二　点、直线、平面的投影 ················ 14
　课题一　正投影法和三视图 ························ 14
　课题二　点、直线和平面的投影 ················ 18
　课题三　基本体视图分析 ·························· 24
　单元小结 ··· 28
　思考与练习 ·· 29

单元三　组合体 ·· 31
　课题一　组合体的形体分析 ······················ 31
　课题二　组合体三视图画法 ······················ 38
　课题三　组合体的尺寸标注 ······················ 40
　课题四　组合体视图的识读 ······················ 42
　单元小结 ··· 46
　思考与练习 ·· 47

单元四　机件的常用表达方法 ················ 49
　课题一　视图 ·· 49
　课题二　剖视图 ······································· 53
　课题三　断面图 ······································· 60
　课题四　其他表示法 ································· 62
　单元小结 ··· 64
　思考与练习 ·· 65

单元五　标准件与常用件 ························ 68
　课题一　螺纹及螺纹紧固件 ······················ 68

课题二　键和销连接 ·· 74

课题三　齿轮 ·· 77

课题四　滚动轴承 ·· 79

课题五　弹簧 ·· 81

单元小结 ·· 82

思考与练习 ·· 83

单元六　零件图 ·· 84

课题一　零件图的视图 ·· 85

课题二　零件图的尺寸标注 ·· 86

课题三　零件图的技术要求 ·· 90

课题四　读零件图 ·· 97

单元小结 ·· 99

思考与练习 ·· 99

单元七　装配图 ·· 100

课题一　装配图的功用和内容 ······································· 100

课题二　读装配图 ·· 103

单元小结 ·· 106

思考与练习 ·· 107

单元八　汽车车身结构 ·· 108

课题一　汽车车身结构类型 ·· 108

课题二　非承载式车身的结构 ······································· 111

课题三　承载式车身的结构 ·· 114

课题四　普通轿车车身结构 ·· 121

单元小结 ·· 128

思考与练习 ·· 128

单元九　焊接图与展开图 ··· 130

课题一　焊接图 ·· 130

课题二　钣金展开图 ·· 138

单元小结 ·· 143

思考与练习 ·· 143

参考文献 ··· 146

单元一　制图的基本知识

课题一　制图工具及使用

正确使用绘图工具，能提高图面质量，加快绘图速度。下面简要介绍常用绘图工具、用品及使用方法。

一　图板、丁字尺和三角板

图板要求板面平整，用于铺放图纸，左、右两侧的工作边应平直。绘图时，应将图纸用胶带纸固定在图板左下方适当位置，如图1-1所示。

丁字尺用于画水平线以及与三角板配合画垂直线及各种15°角倍数的斜线。丁字尺由尺头与尺身构成，画图时，应使尺头靠紧图板左侧的工作边。画水平线时应自左向右画，与三角板配合用画垂直线时自下而上画，如图1-2、图1-3所示。

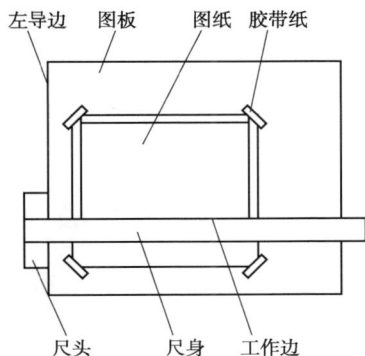

图1-1　图板、丁字尺及图纸的固定

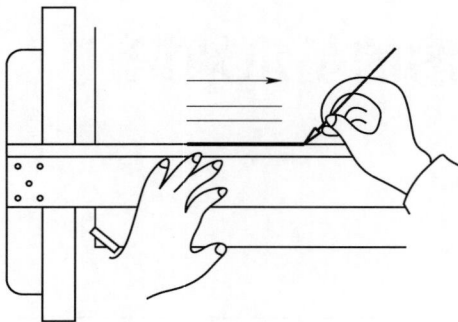

图 1-2　用丁字尺画水平线　　　　图 1-3　用丁字尺和三角板画垂直线

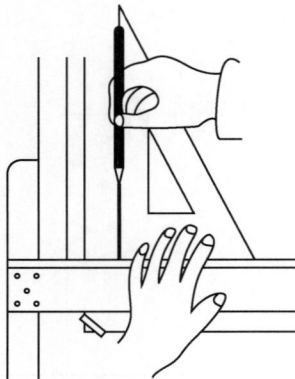

二　分规和圆规

　　分规用于量取尺寸和等分线段。分规两腿的针尖应平齐,其使用方法是使用针尖直接在尺子上量取具体的数值。圆规用于画圆和圆弧,有一条固定腿和一条活动腿,其使用方法如图 1-4 所示。

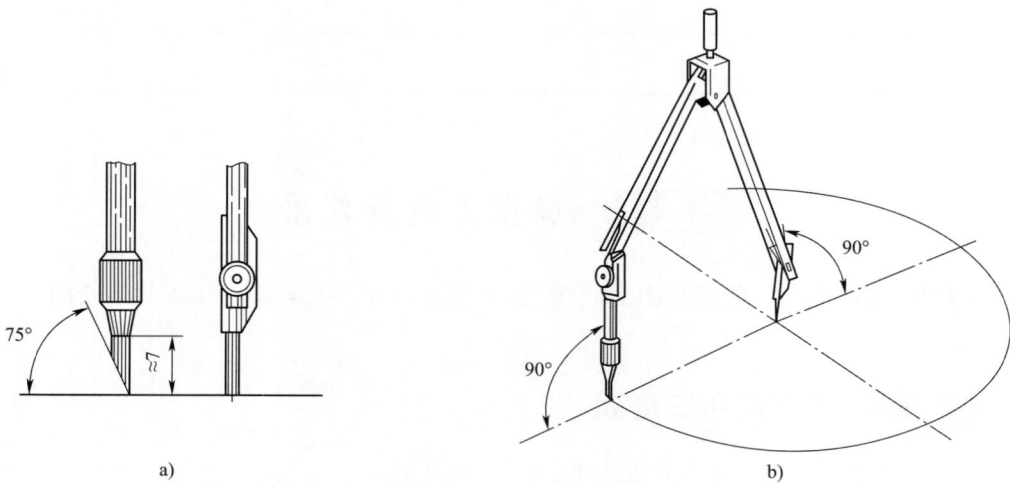

a)　　　　　　　　　　　　　　b)

图 1-4　圆规的用法

三　其他绘图用品

　　绘图用品还包括图纸、铅笔、胶带纸、绘图橡皮及小刀等。

　　绘图铅笔的铅芯有软硬之分,分别用字母 B 和 H 表示。B 前的数字越大表示铅芯越软,H 前面的数字越大表示铅芯越硬,HB 表示铅芯软硬适中。绘图时,应根据不同的用途选用不同硬度的铅芯,并将其削磨成一定的形状,见表 1-1。

铅笔和铅芯的选用　　　　　　　　　表 1-1

铅笔与铅芯	用　　途	软硬代号	削磨形状	示意图
铅笔	画细线	2H 或 H	圆锥	
	写字	HB 或 B	钝圆锥	
	画粗线	B 或 2B	断面为矩形的四棱柱	
圆规用铅芯	画细线	H 或 HB	楔形	
	画粗线	2B 或 3B	正四棱柱	

课题二　制图的基本知识和技能

一　图纸幅面和格式（GB/T 14689—2008）

1　图纸幅面尺寸

绘图时,应优先采用 5 种基本幅面,幅面代号为:A0、A1、A2、A3、A4。A0 为全张图纸,其余每下一级为上一级的半幅,其尺寸如图 1-5 和表 1-2 所示。

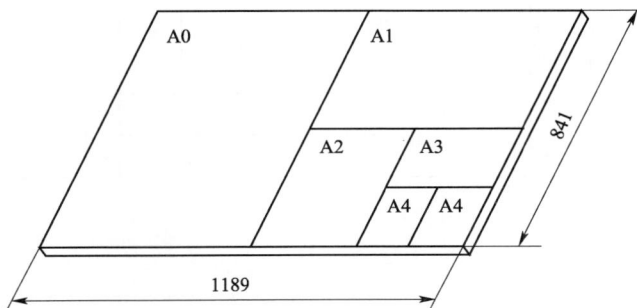

图 1-5　图纸的 5 种基本图幅

基本图幅　　　　　　　　　表 1-2

幅面代号	A0	A1	A2	A3	A4
$B \times L$	841×1189	594×841	420×594	297×420	210×297
e	20			10	
c	10			5	
a	25				

② 图框格式和标题栏

在图纸上必须用粗实线画出图框,其格式分为有装订边和不留装订边两种,如图 1-6 所示,边框尺寸(e、c、a)见表 1-2。

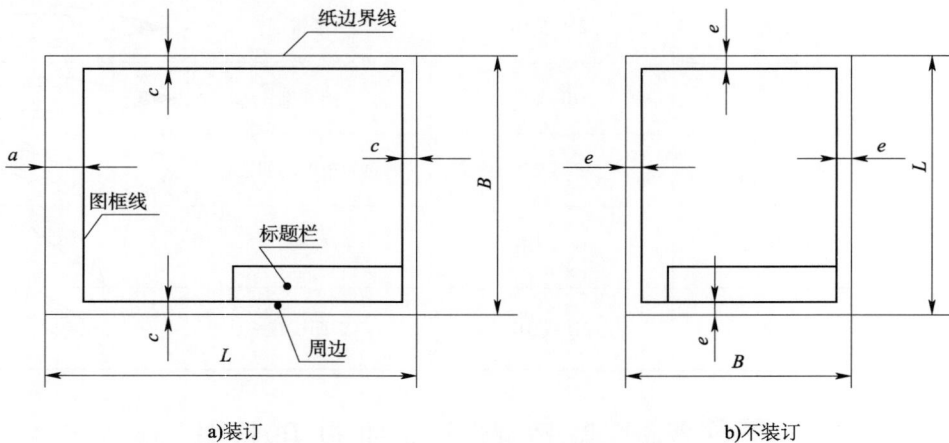

a)装订   b)不装订

图 1-6 图框格式

标题栏位于图幅右下角,国家标准规定了标题栏的格式和尺寸,如图 1-7 所示,在本课程中,建议采用图 1-8 所示简化的格式。

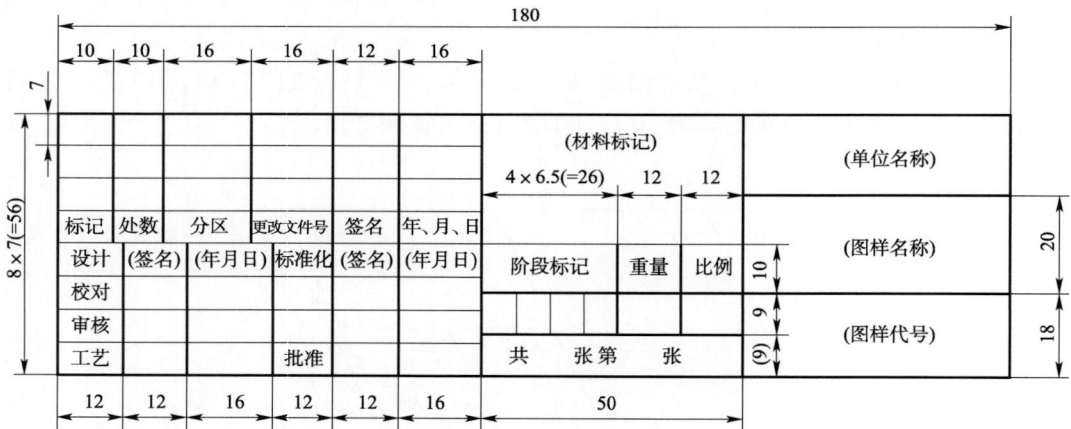

图 1-7 国家标准标题栏

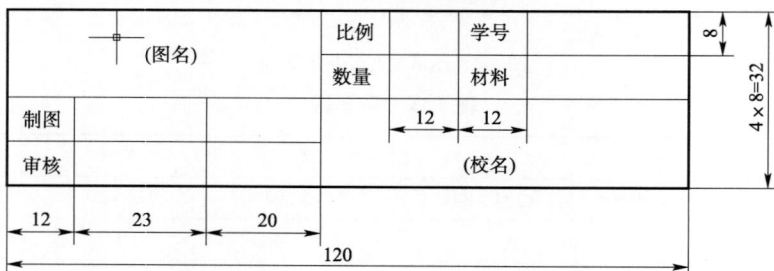

图 1-8 简化的标题栏

二 比例

图样中图形与其实物相应要素的线性尺寸之比,称为比例。

$$比例 = \frac{图中图形的尺寸}{实物相应要素的尺寸}$$

比例分为原值、缩小、放大三种。画图时应尽量采用1:1的比例(即原值比例)画图,常用放大比例有2:1、5:1等,常用缩小比例有1:2、1:5等。

不论放大或缩小,在同一张图样上的各图形应采用相同的比例,并在标题栏的比例栏中填写。当某个视图需要采用不同比例时,必须另行标注。图样上标注的尺寸均为机件的真实大小,而与采用的比例无关,如图1-9所示。

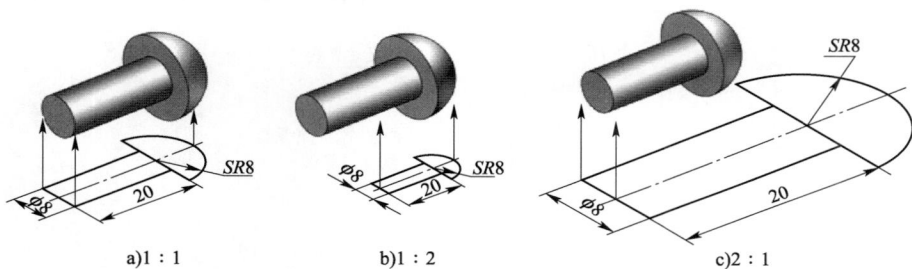

a)1:1   b)1:2   c)2:1

图1-9 采用不同比例绘制同一物体的图形

三 图线

① 线型及应用

国家标准规定了绘制机械图样的8种常用线型,见表1-3。

机械图常用线型及名称   表1-3

线 型	名 称	一 般 应 用
▬▬▬▬▬▬	粗实线	可见轮廓线
– – – – – –	细虚线	不可见轮廓线
— – — – —	细点画线	轴线 对称中心线
————	细实线	尺寸线和尺寸界线;剖面线、重合断面轮廓线;指引线和基准线;过渡线
～～～	波浪线(细)	断裂处边界线 视图与剖视图的分界线
╱╲╱	双折线(细)	断裂处边界线 视图与剖视图的分界线
▬ ▬ · ▬ · ▬	粗点画线	限定范围表示线
— ·· — ·· —	细双点画线	相邻辅助零件的轮廓线 可动零件的极限位置的轮廓线 成形前的轮廓线

图线的应用示例如图 1-10 所示。常用粗实线的宽度为 0.7mm;细线的宽度为粗实线的 1/2;虚线的短画线长为 2~6mm,间隔为 1mm;点画线为 15~20mm,相隔 3mm。

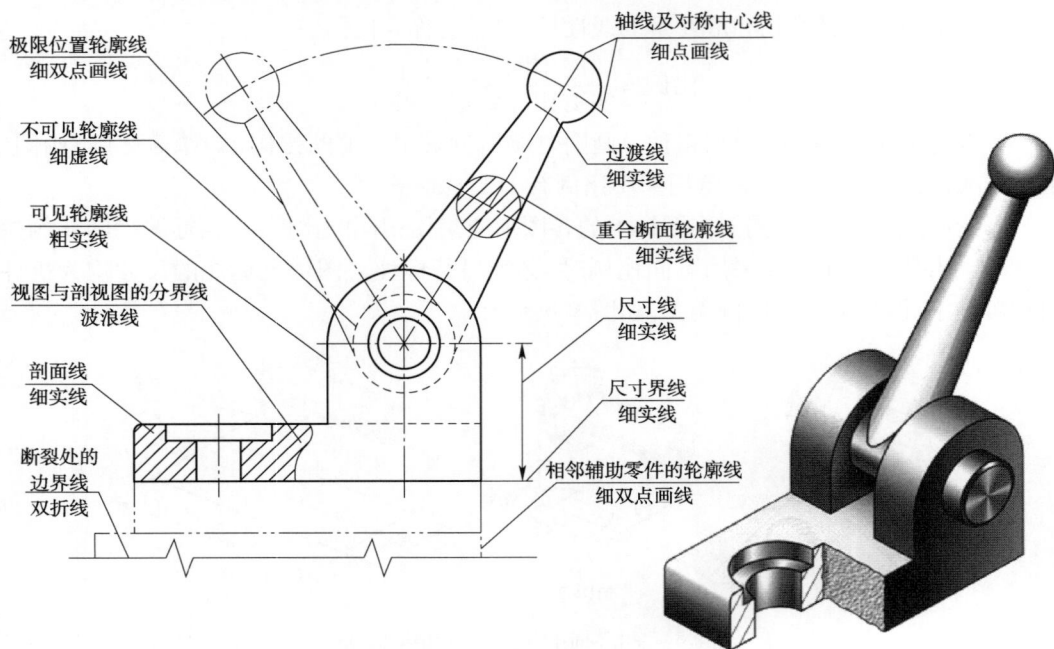

极限位置轮廓线
细双点画线

不可见轮廓线
细虚线

可见轮廓线
粗实线

视图与剖视图的分界线
波浪线

剖面线
细实线

断裂处的
边界线
双折线

轴线及对称中心线
细点画线

过渡线
细实线

重合断面轮廓线
细实线

尺寸线
细实线

尺寸界线
细实线

相邻辅助零件的轮廓线
细双点画线

图 1-10　图线的应用示例

❷ 图线画法的要求

绘图时,图线的画法有如下要求:

(1)同一图样中,同类图线的宽度应基本一致。虚线、点画线及双点画线的线段长度和间隔应各自大致相等;

(2)图线相交时,都应以画线相交,而不应该是点或间隔相交;

(3)当虚线为粗实线的延长线时,虚、实线之间应留间隔;

(4)绘制圆的对称中心线时,圆心应为线段的交点,细点画线的两端应超出圆外2~5mm;当圆图形较小时,画细点画线有困难时,可用细实线代替。

图线画法的具体示例如图 1-11 所示。

四　尺寸标注

在图样中,视图只是表达了机件的形状,其大小及其各部分的相对位置关系,则需要用标注尺寸来确定。尺寸是图样的重要内容之一,是制造零件的直接依据。尺寸必须按国家标准中对尺寸标注的基本规定进行标注。

❶ 基本规则

(1)机件的真实大小应以图样上所注的尺寸数值为依据,与图形的大小及绘图的准确度无关。

较小圆的中心线以细实线代替

圆心应是两细点画线的长画交点

细点画线两端应超出
圆弧2~5mm

细虚线与细虚线相交处
不应有间隙

细虚线为粗实线的
延长线时应留间隙

细虚线与点画线相交处
不应有间隙

细虚线与粗实线相交处
不应有间隙

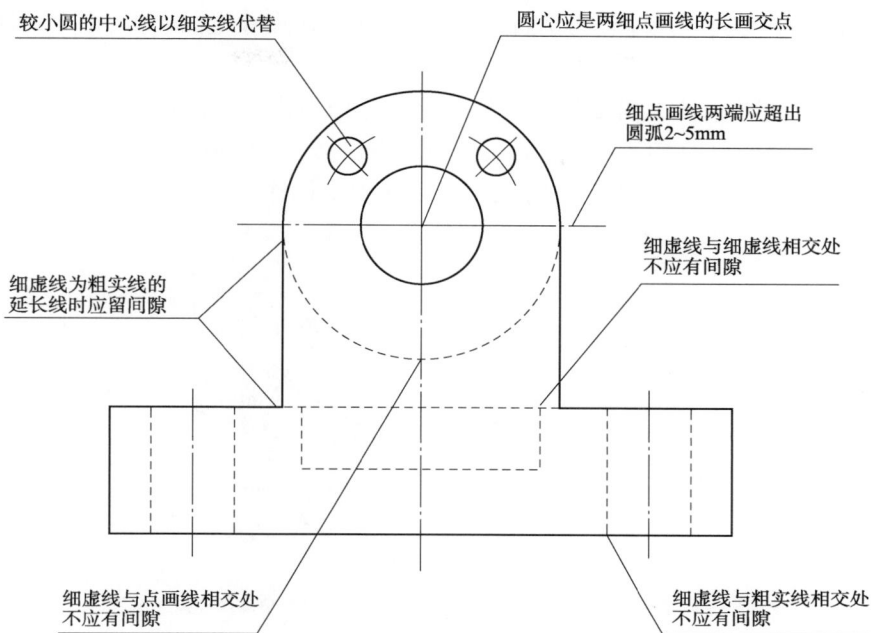

图 1-11　图线的画法

(2)图样中(包括技术要求和其他说明)的尺寸,一般以毫米(mm)为单位,不需标注计量单位的符号或名称,如采用其他单位,则必须注明相应的计量单位的符号或名称。

(3)机件的每一尺寸,一般只标注一次,并应标注在反映该结构最清晰的图形上。

❷ 标注尺寸的三要素

一个标注完整的尺寸由尺寸界线、尺寸线及其终端、尺寸数字(含符号和缩写词)三个要素组成,具体如图 1-12 所示。

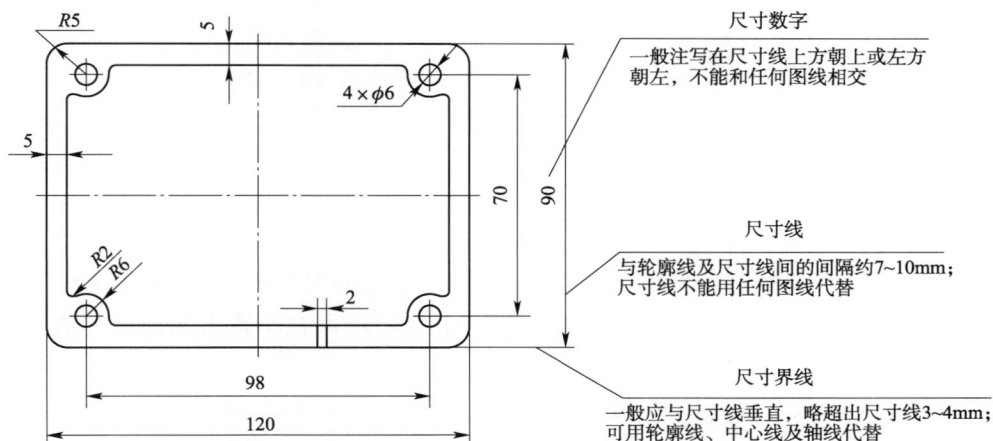

尺寸数字
一般注写在尺寸线上方朝上或左方
朝左,不能和任何图线相交

尺寸线
与轮廓线及尺寸线间的间隔约7~10mm;
尺寸线不能用任何图线代替

尺寸界线
一般应与尺寸线垂直,略超出尺寸线3~4mm;
可用轮廓线、中心线及轴线代替

图 1-12　尺寸标注的要素

❸ 常见尺寸的注法

(1)线性尺寸的标注。线性尺寸的数字应按图 1-13 所示的方向填写,尺寸数字一般应写在尺寸线的上方,当尺寸线为垂直方向时,应注写在尺寸线的左方,也允许注写在尺寸线的中断处。

(2)角度尺寸的标注。角度的尺寸界线应沿径向引出,尺寸线是以角的顶点为圆心画出的圆弧线。角度的数字应水平书写,一般注写在尺寸线的中断处,必要时也可写在尺寸线的上方或外侧。角度较小时也可以用指引线引出标注。角度尺寸必须注出单位,如图 1-14 所示。

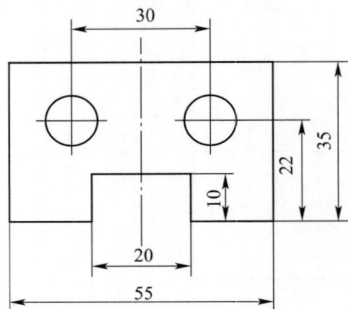

图 1-13　线性尺寸标注示例　　　　　图 1-14　角度尺寸标注示例

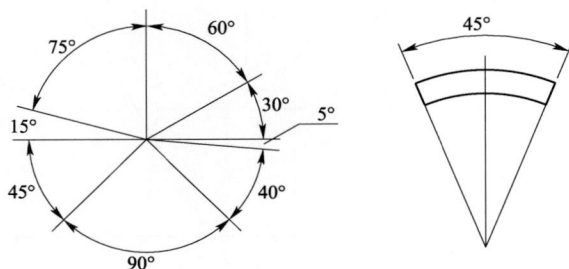

(3)圆弧、半径及其他尺寸的标注。标注圆弧的尺寸时,一般可将轮廓线作为尺寸界线,尺寸线或其延长线要通过圆心。大于半圆的圆弧标注直径,在尺寸数字前加注符号"ϕ",小于和等于半圆的圆弧标注半径,在尺寸数字前加注符号"R"。没有足够的空位时,尺寸数字也可写在尺寸界线的外侧或引出标注,图 1-15 所示。

当圆弧的半径过大或在图样范围内无法标出其圆心位置时,可将圆心移在近处示出,将半径的尺寸线画成折线。

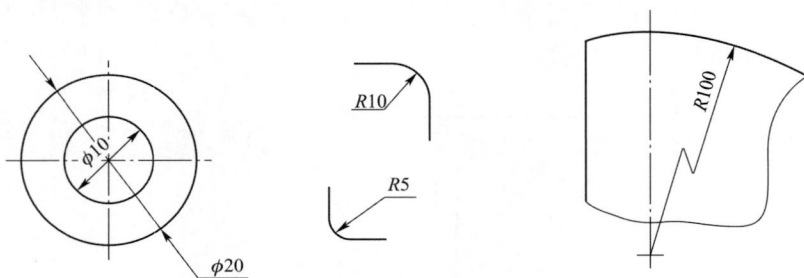

图 1-15　圆和圆弧标注示例

(4)球的尺寸标注。标注球面的直径或半径时,应在符号"ϕ"或"R"前加注符号"S",对于铆钉的头部、轴(包括螺杆)的端部以及手柄的端部等,在不致引起误解的情况下可省略符号"S",如图 1-16 所示。

(5)小尺寸的尺寸标注。由于位置的限制,可按如图 1-17 所示方法标注。

(6)对称图形的尺寸标注。当对称图形只画一半或大于一半时,尺寸线应略超过对称中心线,且只画一端的尺寸线箭头,如图 1-18 所示。

4 特定要求的尺寸标注

常见的特定要求的尺寸注法见表 1-4。

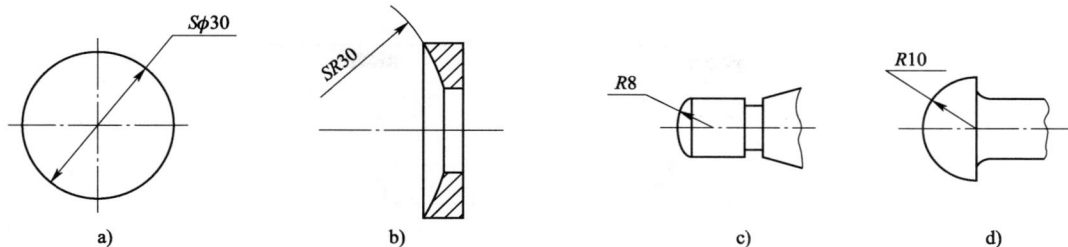

图 1-16　球标注示例

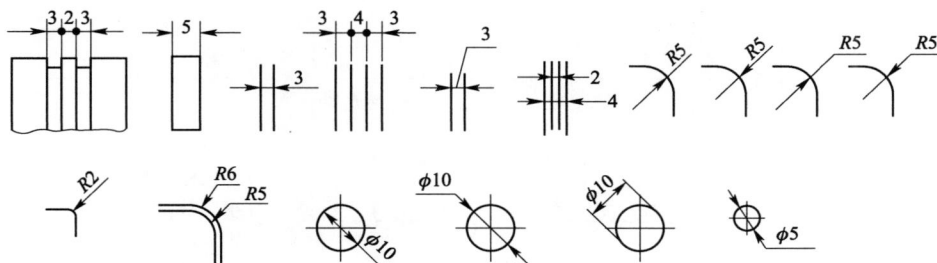

图 1-17　小尺寸标注示例

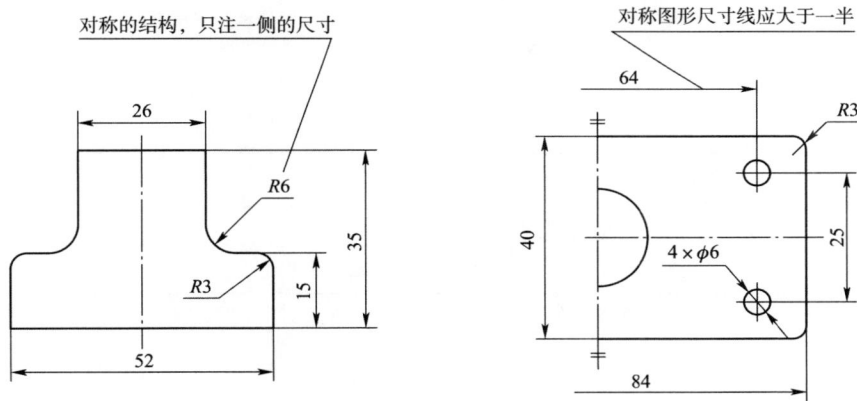

图 1-18　对称图形标注示例

特定要求的尺寸标注　　　　　　　　　　　　　　　　　表 1-4

特定要求		标注示例	说明
倒角、倒圆	45°倒角		图中的 C 表示45°倒角，"1"为倒角或倒圆的宽度
	非45°倒角		非45°倒角，其宽度应另行标注

续上表

特定要求	标注示例	说明
退刀槽	a) b) c)	可用槽宽(2)×直径($\phi8$)(图a)或槽宽×槽深(图b、图c)表示
圆锥销孔	锥销孔$\phi4$ 配作 2×锥销孔$\phi3$ 配作	圆锥销孔所标注的尺寸是所配合的圆锥销的公称直径,而不一定是图样中所画的小径或大径
镀、涂表面	镀铬 镀铬前 a) b) c)	图样中镀、涂零件的尺寸均指镀、涂后的尺寸,即已计入镀、涂层的厚度(图a); 如果图样中尺寸系指镀、涂前的尺寸,应注上镀或涂前的说明(图b); 必要时,可同时标注(图c)

5 常见符号

标注尺寸时,常用符号汇总见表1-5。

常用符号汇总 表1-5

名　称	符号和缩写词	名　称	符号和缩写词
直径	ϕ	45°倒角	C
半径	R	深度	↓
球直径	$S\phi$	沉孔或锪平	⊔
球半径	SR	埋头孔	∨
厚度	t	均布	EQS
正方形	□		

课题三 平面图形的绘制

要正确绘制一个平面图形,必须掌握平面图形的尺寸分析和尺寸注法。

一 尺寸分析

平面图形上的尺寸,按作用可分为定形尺寸和定位尺寸两大类。

❶ 定形尺寸

定形尺寸是指确定平面图形上几何元素形状大小的尺寸,如图 1-19 所示中的 φ20、R15、R12、R50、R10 等。

❷ 定位尺寸

定位尺寸是指确定各几何元素相对位置的尺寸,如图 1-19 中的 8、75。确定平面图形位置需要两个方向的定位尺寸,即水平方向和垂直方向。

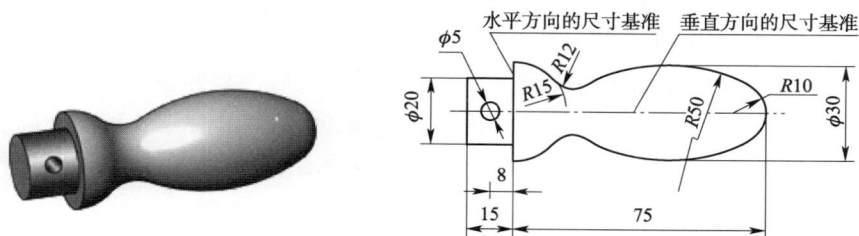

图 1-19 手柄

❸ 尺寸基准

标注尺寸的起点称为尺寸基准,平面图形中尺寸基准是点或线。常用的点基准有圆心、球心、多边形中心点、角点等,线基准往往是图形的对称中心线或图形中的边线,如图 1-19 所示。

二 画图步骤

(1)先画基准线。

(2)画已知线段,即定形尺寸和定位尺寸已确定的线段,如各直线段、φ5、R15、R10。

(3)画中间圆弧,如 R50。

(4)最后画连接弧。

(5)擦去多余线、描深。

图 1-20 所示为手柄的具体画图步骤。

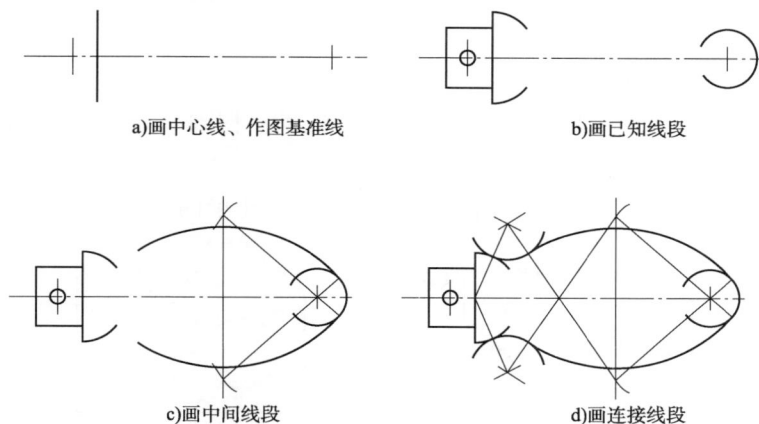

a)画中心线、作图基准线　　　　　　b)画已知线段

c)画中间线段　　　　　　d)画连接线段

图 1-20 手柄画图步骤

单元小结

（1）国家标准中的图纸幅面及格式、比例、图线、尺寸标注等内容是必须掌握的，在识图和绘图时多查阅、多参考，经过一定的练习后便可掌握。

（2）平面图形的尺寸分析就是分析每个尺寸的作用以及尺寸间的关系，从而解决以下三个问题：

①该图形能否画出，所给的尺寸是否齐全；

②在画图时能分析先画哪些线段，后画哪些线段，最后再画哪些线段；

③在标注平面图形尺寸时，要分析出哪个尺寸该标注，尺寸标注要齐全准确。

（3）在绘制平面图形时，要采用正确的绘图方法和绘图步骤，自如地运用各种绘图工具绘制图形。

思考与练习

（一）填空题

1. 比例是＿＿＿＿和＿＿＿＿相应要素的线性尺寸之比。其中 2:1 为＿＿＿＿比例。无论采用哪种比例，图样上标注的应是机件的＿＿＿＿尺寸。

2. 图样中，机件的可见轮廓线用＿＿＿＿画出，不可见轮廓线用＿＿＿＿画出，尺寸线和尺寸界线用＿＿＿＿画出，对称中心线和轴线用＿＿＿＿画出。虚线、细实线和细点画线的图线宽度约为粗实线的＿＿＿＿。

3. 尺寸标注中的符号：R 表示＿＿＿＿，ϕ 表示＿＿＿＿，$S\phi$ 表示＿＿＿＿，t 表示＿＿＿＿。

（二）选择题

1. 根据国家标准《技术制图图线》（GB/T 17450—1998），绘制机械图样中粗线宽度为 d，细线宽度为（   ）。

A. $d/3$ B. $d/4$ C. d D. $d/2$

2. 5:1 为（   ）比例。

A. 原值比例   B. 放大比例   C. 缩小比例   D. 没有比例

（三）改错题

指出左图中错误的尺寸标注，并在右图中标注完整正确的尺寸。

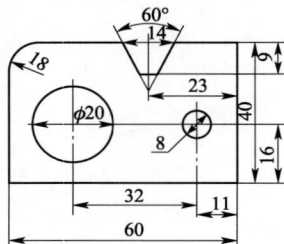

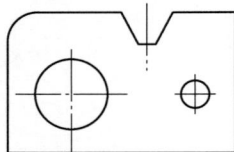

(四)画图练习题

按照图 a）~ e）所示的画图过程抄画一汽大众 Logo 标志的平面图形。

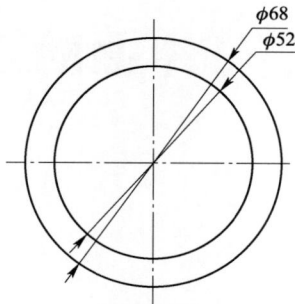

a)画基准和两圆

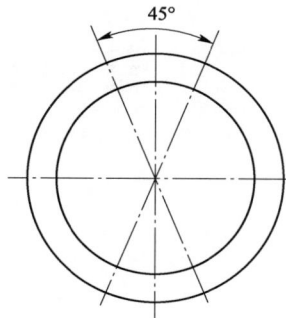

b)画两基准线

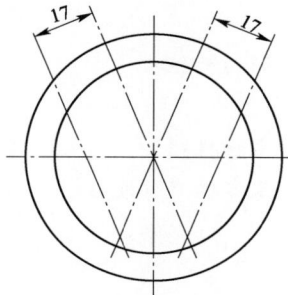

c) 画定位尺寸基准线

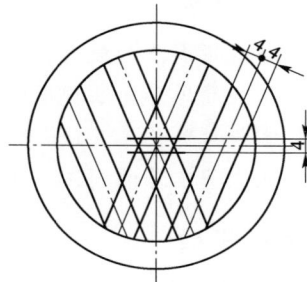

d)作平行线

e)擦去多余的线，描深

单元二 点、直线、平面的投影

学习目标

1. 理解投影法的概念,熟悉正投影的特性;
2. 掌握简单形体三视图的作图方法;
3. 掌握特殊位置直线、平面的投影特性;
4. 熟悉基本体的视图画法,掌握基本体尺寸标注。

建议课时

12课时。

课题一 正投影法和三视图

一 投影法

从物体与影子之间对应关系的规律中,创造出一种在平面上表达空间物体的方法,称为投影法。

❶ 中心投影(点投影)

中心投影:投射线汇交于一点(投影中心)的投影方法,如图2-1所示。

❷ 平行投影法

投射线相互平行的投影方法,称为平行投影法。

在平行投影法中,按投射线是否垂直于投影面,又可分为斜投影法和正投影法。

(1)斜投影法:投射线与投影面相倾斜的平行投影法,如图2-2所示。

(2)正投影法:投射线与投影面相垂直的平行投影法,如图2-3所示。

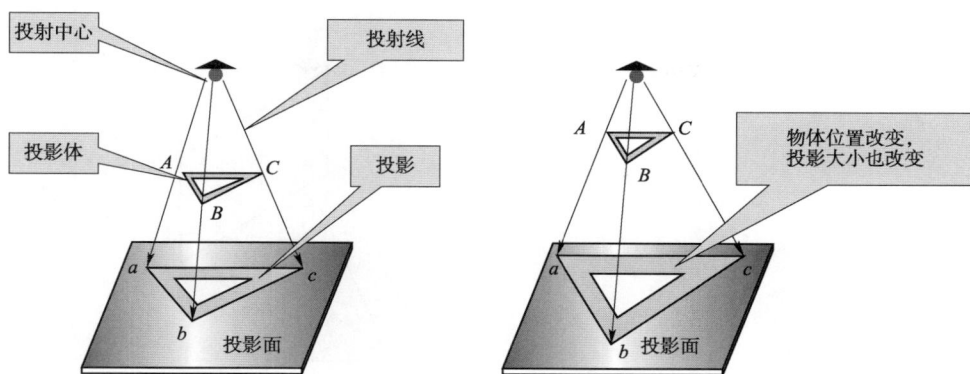

图 2-1　中心投影

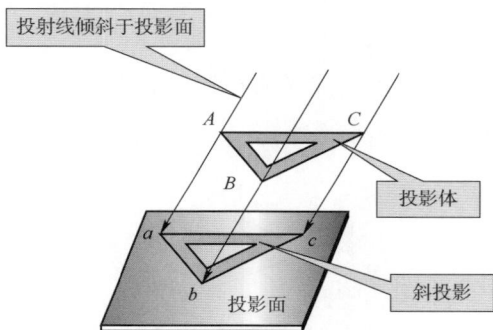

图 2-2　斜投影

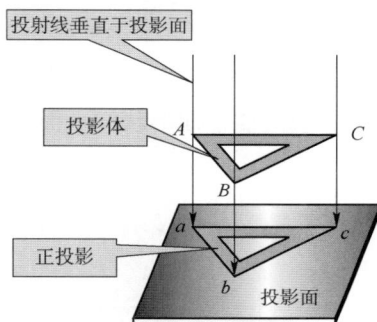

图 2-3　正投影

③ 正投影的基本特性

（1）真实性：当直线或平面与某投影面平行时，直线或平面在该投影面上的投影反映直线的实长或平面的实形，如图 2-4 所示。

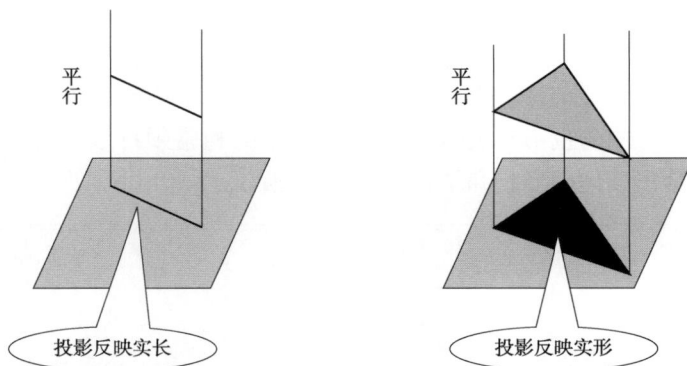

图 2-4　正投影的真实性

（2）积聚性：当直线或平面垂直于某投影面时，直线或平面在该投影面上的投影积聚为一点或一直线，直线上的任意一点投影均积聚在该点上。平面上任意一条直线的投影均积聚在该直线上，如图 2-5 所示。

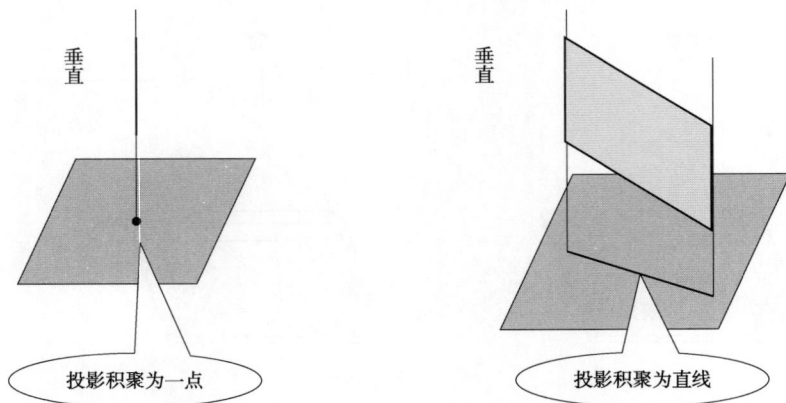

图 2-5　正投影的积聚性

（3）类似性：当直线或平面与某投影面倾斜时，直线或平面在该投影面上的投影短于直线的实长或类似平面形状的平面图形，如图 2-6 所示。

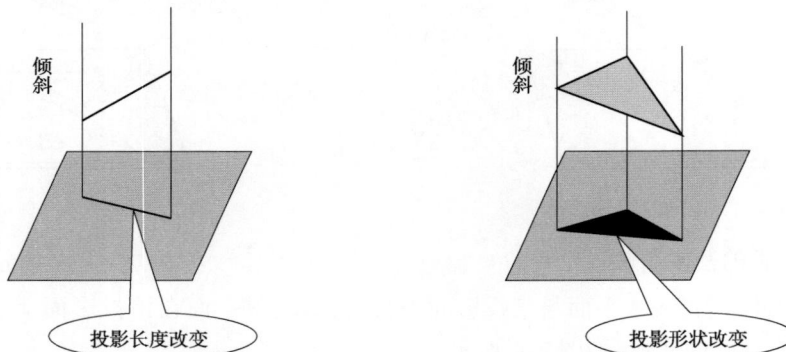

图 2-6　正投影的类似性

二　三视图

一般只用一个方向的投影来表达形体是不确定的，通常须将形体向几个方向投影，才能完整清晰地表达出形体的形状和结构，如图 2-7 所示。

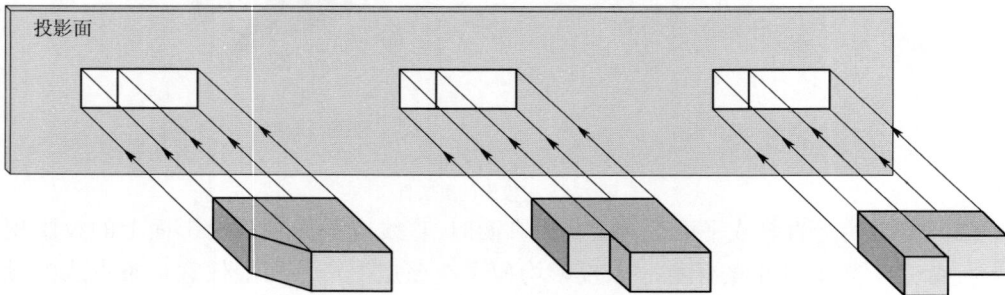

图 2-7　1 个投影不能确定空间物体的情况

❶ 三面投影体系

选用三个互相垂直的投影面,建立三投影面体系,如图2-8所示。在三投影面体系中,三个投影面分别用V(正面)、H(水平面)、W(侧面)来表示。三个投影面的交线OX、OY、OZ称为投影轴,三个投影轴的交点称为原点。

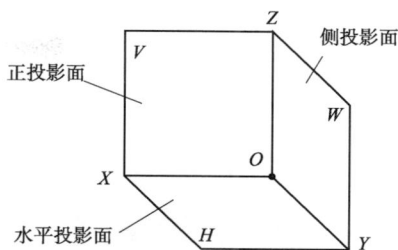

❷ 三视图的形成

图2-8　三投影面体系

如图2-9a)所示,将L形块放在三投影面中间,分别向正面、水平面、侧面投影。在正面的投影称为主视图,在水平面上的投影称为俯视图,在侧面上的投影称为左视图。

为了把三视图画在同一平面上,如图2-9b)所示,规定正面不动,水平面绕OX轴向下转动90°,侧面绕OZ轴向右转90°,使三个互相垂直的投影面展开在一个平面上(图2-9c)。为了画图方便,把投影面的边框去掉,得到图2-9d)所示的三视图。

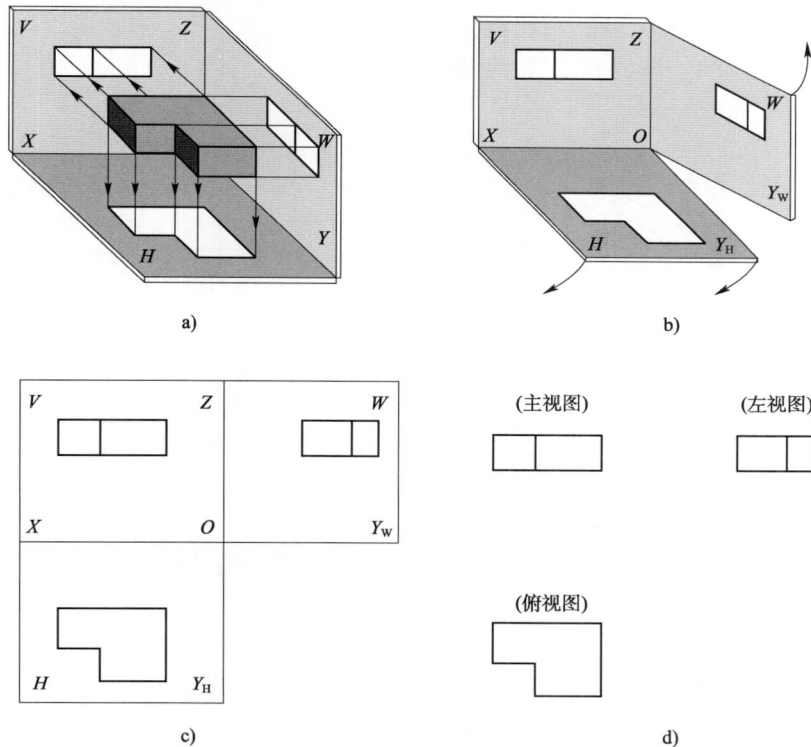

图2-9　三视图的形成

❸ 三视图的投影关系

如图2-10所示,三视图的投影关系为:

V面、H面(主、俯视图)——长对正。

V面、W面(主、左视图)——高平齐。

H面、W面(俯、左视图)——宽相等。

这是三视图间的投影规律,是画图和识图的依据。

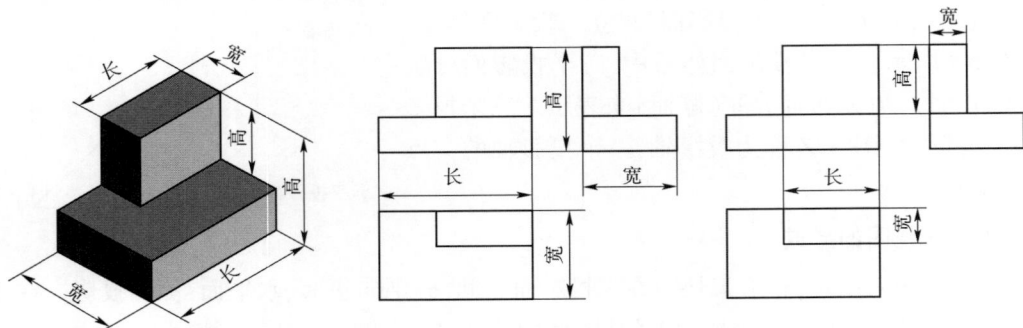

图 2-10　三视图的投影关系

4 三面投影与形体的方位关系(图 2-11)

主视图——反映物体的上、下和左、右。

俯视图——反映物体的左、右和前、后。

左视图——反映物体的上、下和前、后。

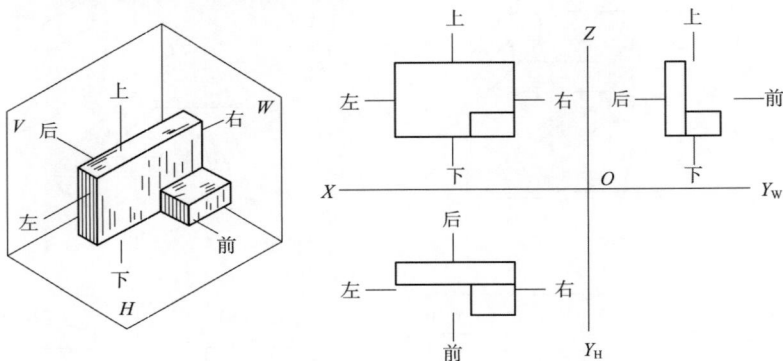

图 2-11　三面投影与形体的方位关系

课题二　点、直线和平面的投影

一　点的投影

在三投影面体系中,用正投影法将空间点 A 向三投影面投射,结果和制图中有关符号表达如图 2-12 所示。

点的三个投影,应保持如下的投影关系:

(1)点的正面投影和侧面投影必须位于同一条垂直于 Z 轴的直线上($a'a''$ 垂直于 OZ 轴)。

(2)点的正面投影和水平投影必须位于同一条垂直于 X 轴的直线上($a'a$ 垂直于 OX 轴)。

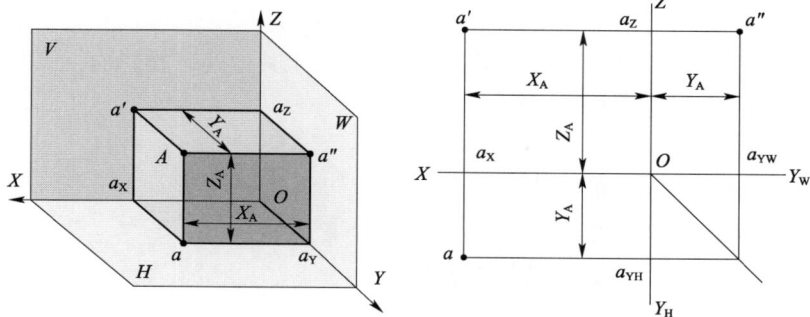

图 2-12　点的三面投影

（3）点的水平投影到 OX 轴的距离等于该点的侧面投影到 OZ 轴的距离（$aa_x = a''a_z$）。

已知某点的两个投影，就可根据"长对正、高平齐、宽相等"的投影规律求出该点的第三投影。

二 直线的投影

（一）直线与单个投影面的三种位置关系（图 2-13）

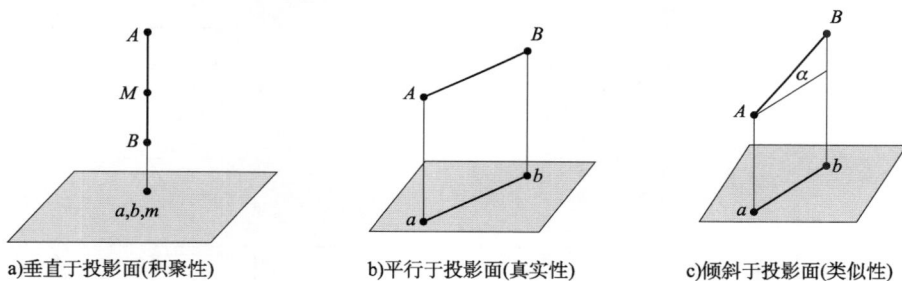

a)垂直于投影面(积聚性)　　b)平行于投影面(真实性)　　c)倾斜于投影面(类似性)

图 2-13　直线的投影特性

（二）直线在三投影面体系中的投影特性

1 一般位置直线

如图 2-14 所示，四棱台的棱线是一般位置直线，其三面投影均是小于实长的倾斜线。

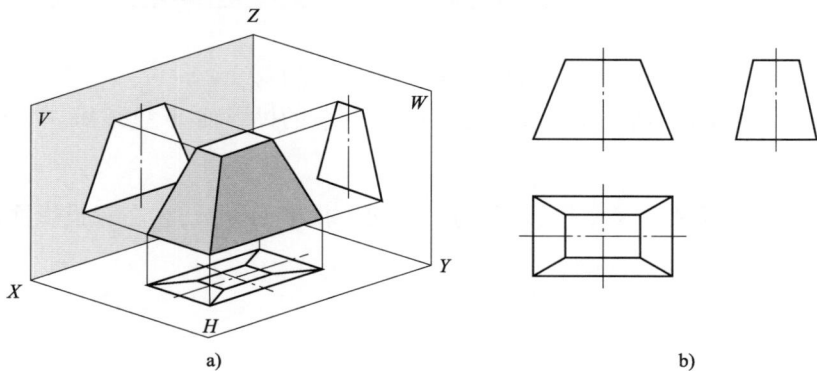

图 2-14　一般位置直线投影

2 投影面的平行线

由于投影面平行线只平行于一个投影面,而倾斜于其他两个投影面,所以在三投影面体系中,投影面平行线也有三种位置。

(1)正平线平行于 V 面的直线。

(2)水平线平行于 H 面的直线。

(3)侧平线平行于 W 面的直线。

投影面平行线的投影及投影特性见表2-1。

投 影 面 平 行 线   表2-1

名　称	直　观　图	投　影　图
正平线 (//V 面)		
水平线 (//H 面)		
侧平线 (//W 面)		

投影特性:

(1)在所平行的投影面上的投影为一段反映实长的斜线。

(2)在其他两个投影面上的投影分别平行于相应的投影轴,长度缩短。

3 投影面垂直线

投影面垂直线垂直于一个投影面,与另外两个投影面平行,它在三投影面体系中,也有三种位置。

(1)正垂线垂直于 V 面的直线。

(2)铅垂线垂直于 H 面的直线。

(3)侧垂线垂直于 W 面的直线。

投影面垂直线的投影及投影特性见表2-2。

投 影 面 垂 直 线　　　　　　　表2-2

名　　称	直　观　图	投　影　图
正垂线 （⊥V面）		
铅垂线 （⊥H面）		
侧垂线 （⊥W面）		

投影特性：

（1）在所垂直的投影面上的投影积聚为一点。

（2）在其他两个投影面上的投影分别平行于相应的投影轴，且反映实长。

三　平面的投影

（一）平面与单个投影面的三种位置关系（图2-15）

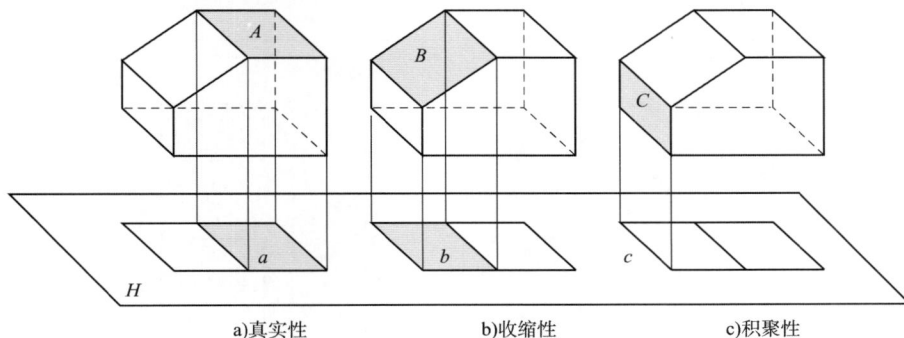

a)真实性　　　　　　　b)收缩性　　　　　　　c)积聚性

图2-15　平面的投影特性

（二）平面在三投影面体系中的投影特性

1 一般位置平面

与三个投影面都处于倾斜位置的平面，称为一般位置平面。如图 2-16 所示，三棱锥的 *SAB* 面对 *H*、*V*、*W* 三个投影面都倾斜，因此是一般位置平面。

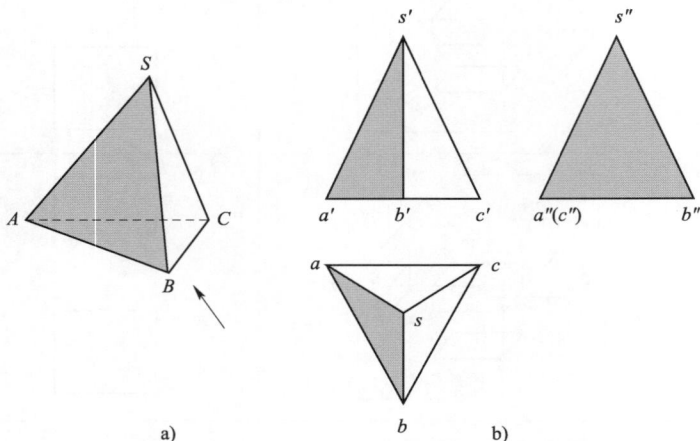

图 2-16　正三棱锥上的一般位置平面的投影

一般位置平面的投影特性是：在三个投影面上的投影，均为原平面的类似形，而面积缩小，不反映真实形状。

2 投影面平行面

平行于一个投影面，而垂直于其他两个投影面的平面，称为投影面平行面。投影面平行面也可分为三种位置。

（1）正平面平行于 *V* 面的平面。

（2）水平面平行于 *H* 面的平面。

（3）侧平面平行于 *W* 面的平面。

投影面平行面的投影特性见表 2-3。

投 影 面 平 行 面　　　　　　　　　　表 2-3

名　称	直　观　图	投　影　图
正平面 （∥V面）		

续上表

名　称	直　观　图	投　影　图
水平面 （∥H面）	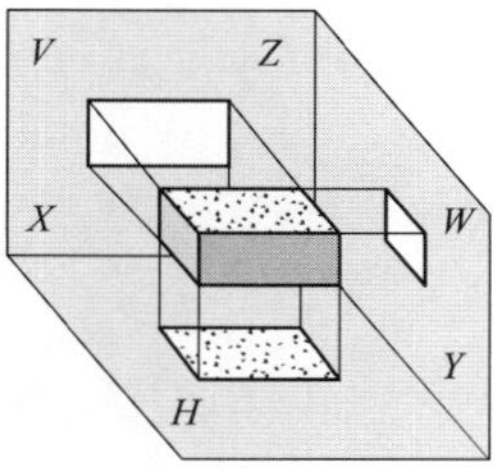	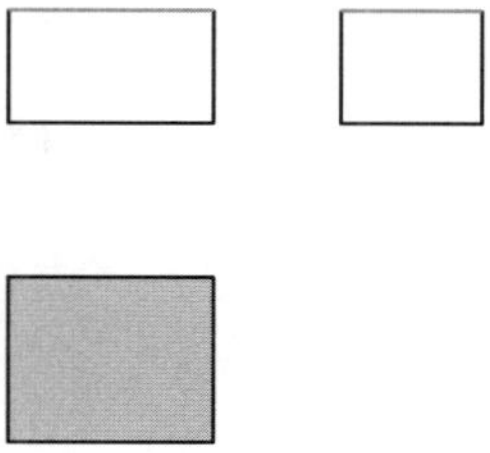
侧平面 （∥W面）	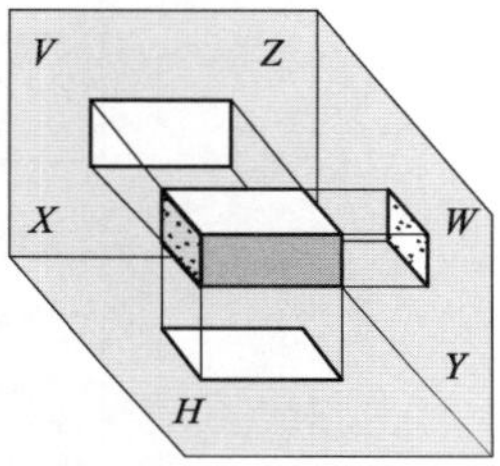	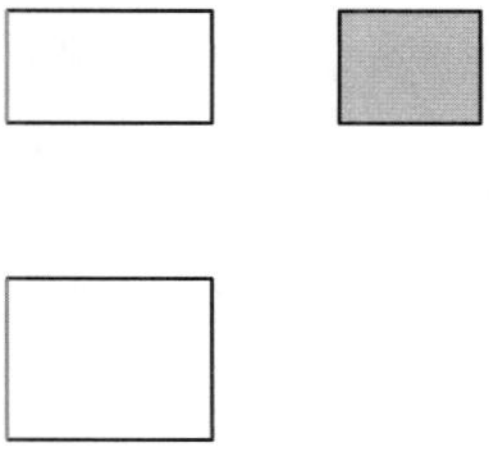

投影特性：

（1）在所平行的投影面上的投影反映实形。

（2）在其他两投影面上的投影分别积聚成直线，且平行于相应的投影轴。

❸ 投影面垂直面

垂直于一个投影面，而倾斜于其他两个投影面的平面，称为投影面垂直面。投影面垂直面也有三种位置。

（1）正垂面垂直于 V 面的平面。

（2）铅垂面垂直于 H 面的平面。

（3）侧垂面垂直于 W 面的平面。

投影面垂直面的投影特性见表 2-4。

投 影 面 垂 直 面　　　　　　　　　　表 2-4

名　称	直　观　图	投　影　图
正垂面 （⊥V面）	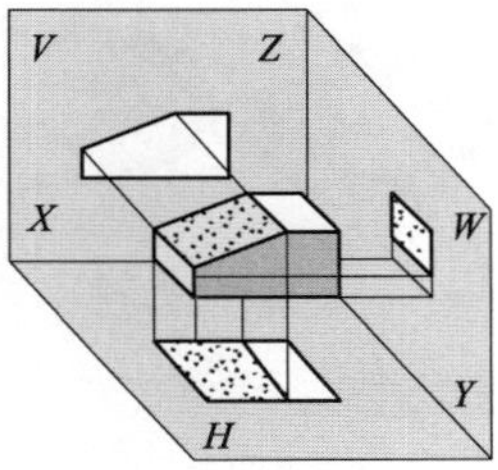	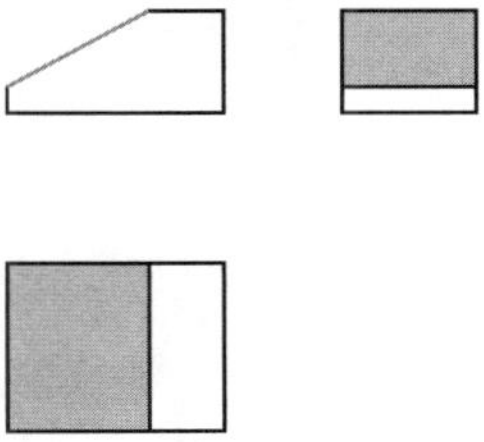

续上表

名　称	直　观　图	投　影　图
铅垂面 （⊥H面）		
侧垂面 （⊥W面）		

投影特性：

（1）在所垂直的投影面上的投影积聚为一段斜线。

（2）在其他两投影面上的投影均为缩小的类似形。

课题三　基本体视图分析

基本几何体是由一定数量的表面围成的实体。常见的基本几何体有：棱柱、棱锥、圆柱、圆锥、球体、圆环等，如图2-17所示。根据这些几何体的表面几何性质，基本几何体可分为平面立体和曲面立体两大类。

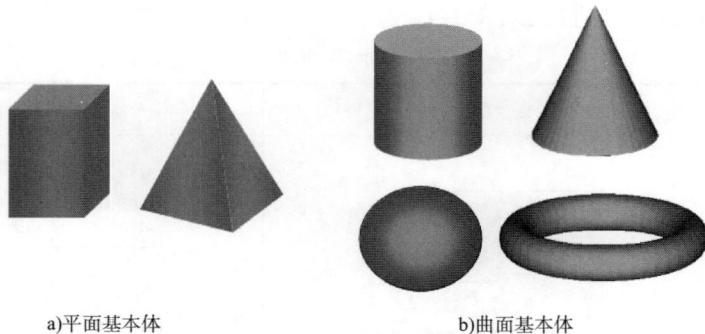

a)平面基本体　　　　　　　　　b)曲面基本体

图2-17　基本几何体

机器上的零件，由于其作用不同而有各种各样的结构形状，不管它们的形状如何复杂，都可以看成是由一些简单的基本几何体组合起来的。如图2-18a)所示，顶尖可看成是圆锥和圆台的组合；图 2-18b）所示的螺栓坯可看成是圆台、圆柱和六棱柱的组合；图 2-18c）所示的手柄可看成是圆柱、圆环和球体的组合等。

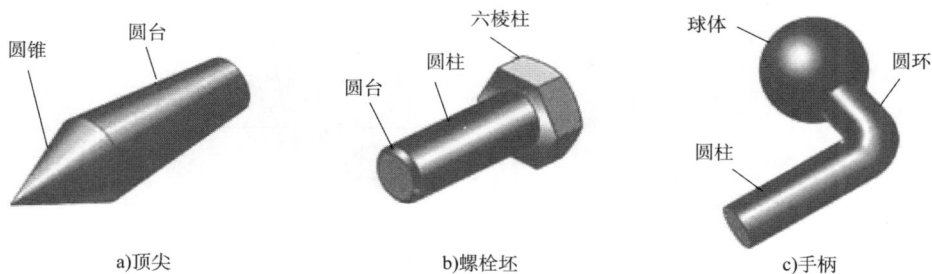

图 2-18　顶尖、螺栓坯、手柄的直观图

一　平面立体基本体

表面都是由平面所围成的立体，称为平面立体，如棱柱、棱锥等。

1　棱柱

以正六棱柱为例，讨论其视图特点。

如图 2-19 所示位置放置六棱柱时，其两底面为水平面，H 面投影具有全等性；前后两侧面为正平面，其余四个侧面是铅垂面，它们的水平投影都积聚成直线，与六边形的边重合。

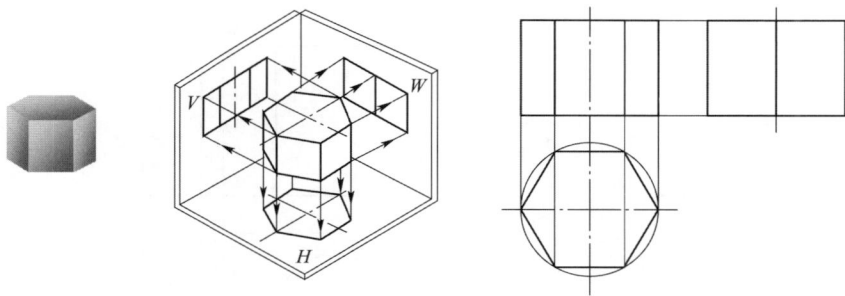

图 2-19　正六棱柱的三视图

从图 2-19 所示，可知直棱柱三面投影特征：一个视图有积聚性，反映棱柱形状特征；另两个视图都是由实线或虚线组成的矩形线框。

2　棱锥

以正三棱锥为例，讨论其视图特点。

如图 2-20 所示，正三棱锥底面平行于水平面而垂直于其他两个投影面，所以俯视图为一正三角形，主、左视图均积聚为一直线段，棱面 SAC 垂直于侧面，倾斜于其他投影面，所以左视图积聚为一直线段，而主、俯视图均为类似形；棱面 SAB 和 SBC 均与三个投影面倾斜，它们的三个视图均为比原棱面小的三角形（类似形）。

棱锥的视图特点：一个视图为多边形，另两个视图为三角形线框。

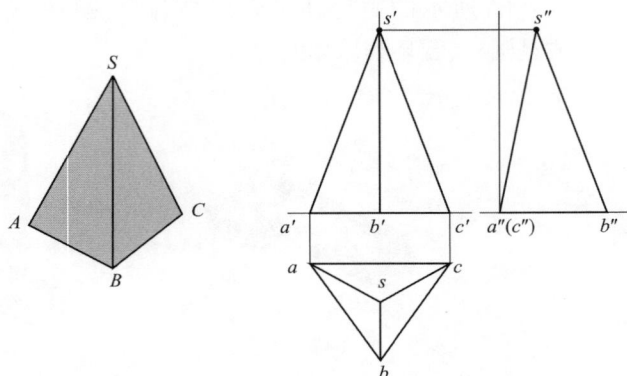

图 2-20　正三棱锥的三视图

二　曲面立体

1　圆柱

圆柱体的三视图如图 2-21 所示。圆柱轴线垂直于水平面,则上下两圆平面平行于水平面,俯视图反映实形,主、左视图各积聚为一直线段,其长度等于圆的直径。圆柱面垂直于水平面,俯视图积聚为一个圆,与上、下圆平面的投影重合。圆柱面的另外两个视图,画出决定投影范围的转向轮廓线(即圆柱面对该投影面可见与不可见的分界线)。

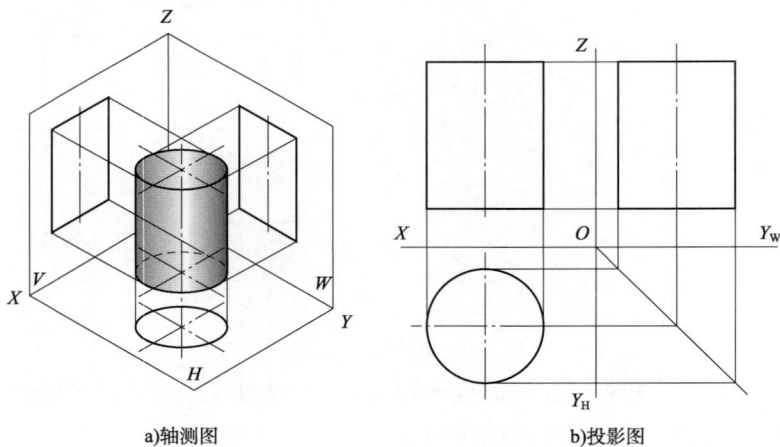

a)轴测图　　　　　　　　　　　b)投影图

图 2-21　圆柱体的三视图

圆柱的视图特点:一个视图为圆,另两个视图为方形线框。

2　圆锥

圆锥体的三视图如图 2-22 所示。直立圆锥的轴线为铅垂线,底平面平行于水平面,所以底面的俯视图反映实形(圆),其余两个视图均为直线段,长度等于圆的直径。圆锥面在俯视图上的投影重合在底面投影的圆形内,其他两个视图均为等腰三角形。

圆锥的视图特点:一个视图为圆,另两个视图为三角形线框。

a)轴测图   b)投影图

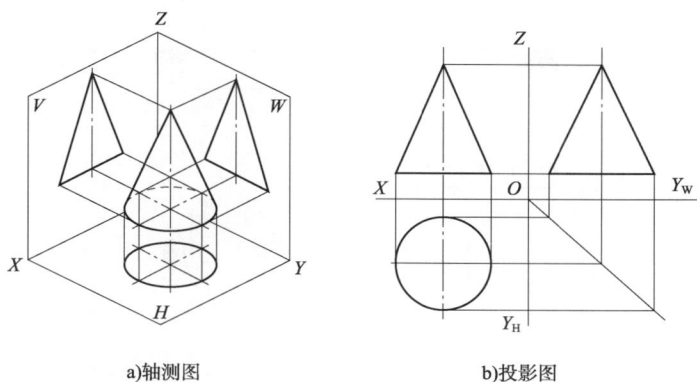

图 2-22 圆锥的三视图

3 球

如图 2-23 所示,圆球的三个视图均为圆,圆的直径等于球的直径。

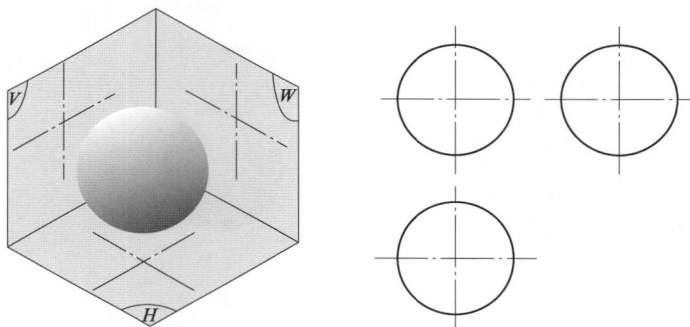

图 2-23 球的三视图

球的视图特点:三个视图均为圆。

三 基本体的尺寸标注

任何物体都具有长、宽、高三个方向的尺寸。在视图上标注基本几何体的尺寸时,应将三个方向的尺寸标注齐全,既不能少,也不能重复和多余。表 2-5 列举了一些常见基本几何体的尺寸标注。

基本几何体的尺寸标注   表 2-5

平 面 立 体		曲 面 立 体	
直观图	三视图	直观图	三视图
四棱柱	左视图可省略	圆柱	俯视图、左视图可省略

续上表

平 面 立 体		曲 面 立 体	
直观图	三视图	直观图	三视图
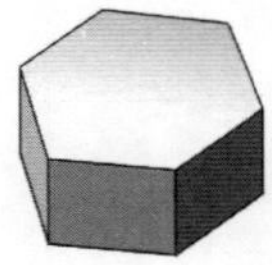 六棱柱	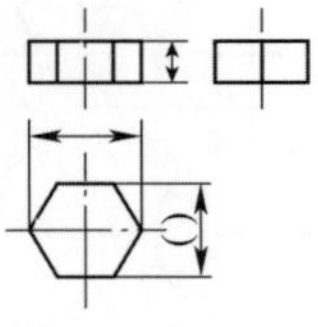 左视图可省略	 圆锥	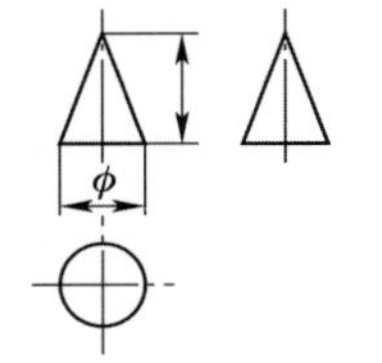 俯视图、左视图可省略
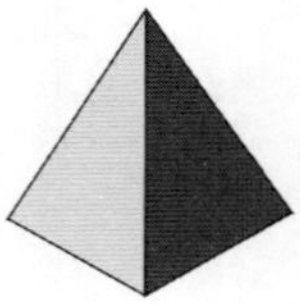 四棱锥	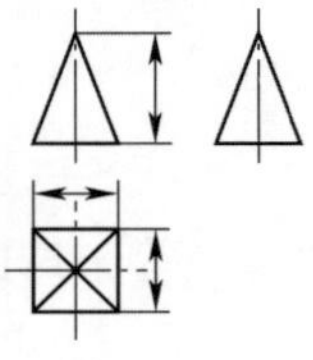 左视图可省略	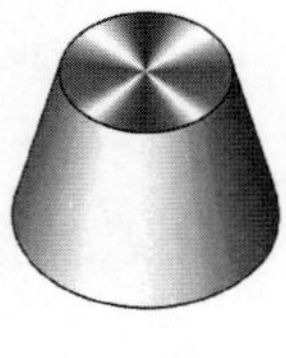 圆锥台	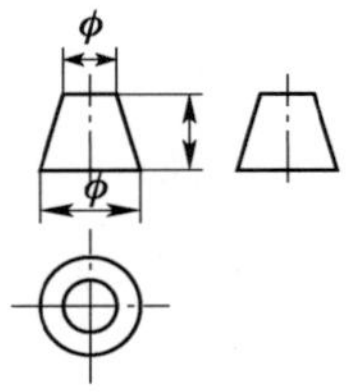 俯视图、左视图可省略
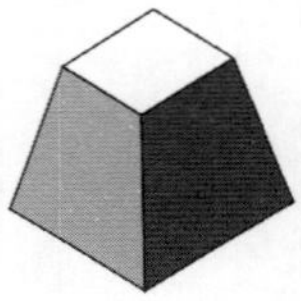 四棱台	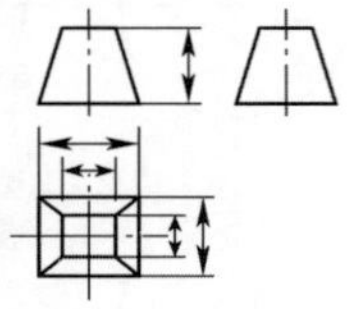 左视图可省略	 球	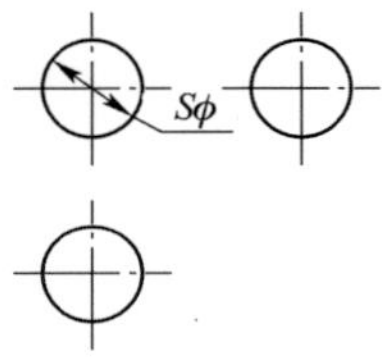 俯视图、左视图可省略

从表 2-5 可以看出,在三视图中,尺寸应尽量标注在反映基本形体形状特征的视图上,而圆的直径一般标注在投影为非圆的视图上。

单元小结

(1)投影法。在机械制造中主要采用"正投影法"绘制机械图样,在生产中被广泛应用。

(2)三视图的形成及投影规律。三视图的投影规律可以归纳为:长对正、高平齐、宽相等(简称"三等关系");只要是正投影图就存在这一规律,在看图和画图时都要遵循。

(3)直线的投影。

①一般位置直线的投影特性。在三个投影面上的投影均是倾斜直线;投影长度均小于实长。

②投影面平行线的投影特性。在所平行的投影面上的投影为一段反映实长的斜线;其他两个投影平行于相应的投影轴,长度缩短。

③投影面垂直线的投影特性。在所垂直的投影面上的投影积聚为一点;其他两个投影平行于相应的投影轴,反映实长。

（4）平面的投影。

①一般位置平面的投影特性。在三个投影面上的三个投影，均为原平面的类似形，而且面积缩小，不反映真实形状。

②投影面平行面的投影特性。在所平行的投影面上的投影反映实形；在其他两投影面上的投影分别积聚为一条直线，且平行于相应的投影轴。

③投影面垂直面的投影特性。在所垂直的投影面上的投影积聚为一段斜线；在其他两投影面上的投影都为原平面缩小的类似形。

（5）基本几何体。

①机器零件可以看作由基本几何体组合而成，基本几何体根据其组成表面的性质可分为平面立体和曲面立体。

②组成立体的表面都是平面的为平面立体。平面立体的投影就是表示出组成立体的面和棱线的投影。

③组成立体的表面都是曲面或是曲面与平面的称为曲面立体。曲面立体的投影就是其转向轮廓线的投影（它是曲面立体可见与不可见部分的分界线）和回转轴线的投影。

④基本体的尺寸标注，对平面立体一定要标出长、宽、高三个方向的尺寸；对曲面立体只需标出径向、轴向两个尺寸（一般来说，对曲面立体长、宽、高三个方向尺寸有两个尺寸重合）即可。

思考与练习

（一）填空题

1. 投影法分为_____投影法和_____投影法两大类，我们绘图时使用的是_____投影法中的_____投影法。

2. 与一个投影面垂直的直线，一定与其他两个投影面_____，这样的直线称为投影面的_____线，具体又可分为_____、_____、_____。

3. 与一个投影面平行，与其他两个投影面倾斜的直线，称为投影面的_____线，具体又可分为_____、_____、_____。

（二）选择题

1. 在三视图中，左视图反映物体的（　　）。

　　A. 上下方位　　　　B. 前后方位　　　　C. 左右方位　　　　D. 上下前后方位

2. 以下不属于平面立体的是（　　）。

　　A. 三棱锥　　　　　B. 四棱锥　　　　　C. 圆柱　　　　　　D. 六棱台

3. 以下说法正确的是（　　）。

　　A. 垂直于水平面的平面称为铅垂面

　　B. 平行于 V 面直线的称为正平线

　　C. 正投影法一定是平行投影法

　　D. 有一个视图为圆的基本几何体一定是圆柱

4. 以下说法不正确的是(　　)。

　　A. 点的投影永远是点　　　　　　　　　　B. 直线的投影可以聚成点

　　C. 平面的投影可以聚成直线　　　　　　　D. 以上说法都不对

5. 正垂线一定(　　)。

　　A. 与 V 面平行　　　B. 与 W 面垂直　　　C. 与 H 面平行　　　D. 与 W 面倾斜

6. 水平线一定(　　)。

　　A. 与 V 面垂直　　　B. 与 W 面倾斜　　　C. 与 H 面垂直　　　D. 与 V 面平行

单元三 组 合 体

学习目标

1. 了解和掌握组合体的组合方式;
2. 了解和掌握组合体表面的连接关系;
3. 了解组合体的三视图画法;
4. 初步具备用形体分析法识读组合体三视图的能力。

建议课时

10 课时。

课题一 组合体的形体分析

一 形体分析法

任何复杂的机器零件,都可以看成是由若干个基本几何体所组成,由两个或两个以上的基本几何体构成的物体称为组合体。画、看组合体的视图时,通常按照组合体的结构特点和各组成部分的相对位置,把它划分为若干个基本几何体(这些基本几何体可以是完整的,也可以是不完整的),并分析各基本几何体之间的分界线的特点和画法,然后组合起来画出视图或想象出其形状。这种分析组合体的方法称为形体分析法。形体分析法是画图和读图的基本方法。图 3-1a)所示的连杆,可分为图 3-1b)所示的几个基本几何体,画出的视图如图 3-1c)所示。

从图 3-1a)、b)可以看出,连接板的前、后表面和大、小圆筒的外表面相切;肋板的前、后表面和大、小圆筒相交;肋板和连接板则以平面相接触。图 3-1c)的视图在形体投影的分界处表达了这些情况。可见,应用形体分析法,会给画图和看图带来很大方便。这样,可以把一个较复杂的物体,分解为几个简单的基本几何体,然后画出或看懂各基本形体的投影及其相互关系,从而看懂或画出组合体的视图。

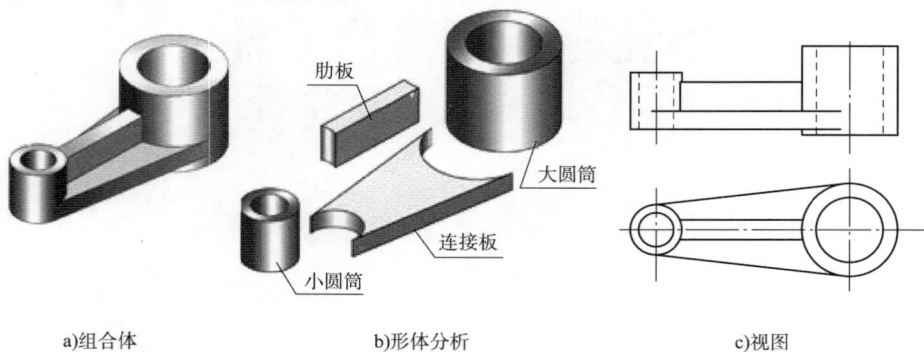

肋板

大圆筒

连接板

小圆筒

a)组合体   b)形体分析   c)视图

图 3-1   形体分析和视图

二 组合体的组合方式

❶ 叠加

叠加式组合体是由基本几何体叠加而成。

(1)两基本体表面相错叠加,如图 3-2 所示。

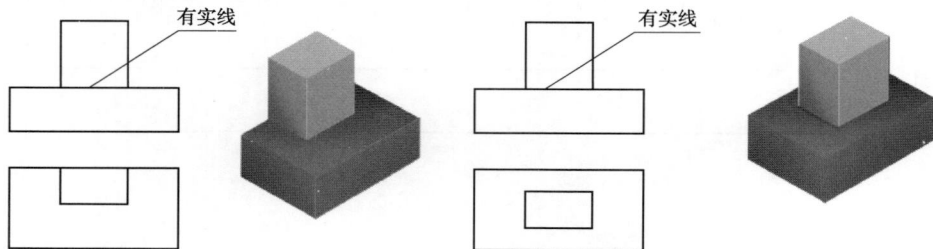

有实线

有实线

图 3-2   叠加式组合体及其视图

(2)两基本体表面平齐叠加,如图 3-3 所示。

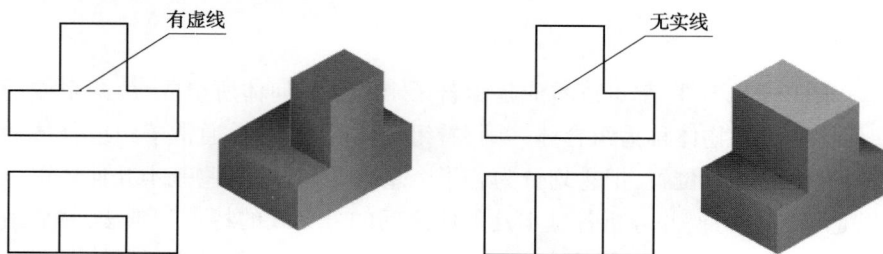

有虚线

无实线

图 3-3   叠加式组合体及其视图

(3)两基本体表面相切叠加,如图 3-4 所示。

❷ 切割

切割式组合体可以看成是在基本几何体上进行切割、钻孔、挖槽等所构成的形体。绘图时,被切割后的轮廓线必须画出来,如图3-5所示。

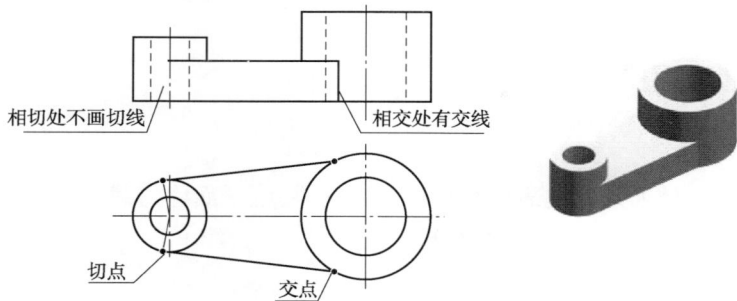

相切处不画切线   相交处有交线

切点   交点

图3-4 叠加式组合体及其视图

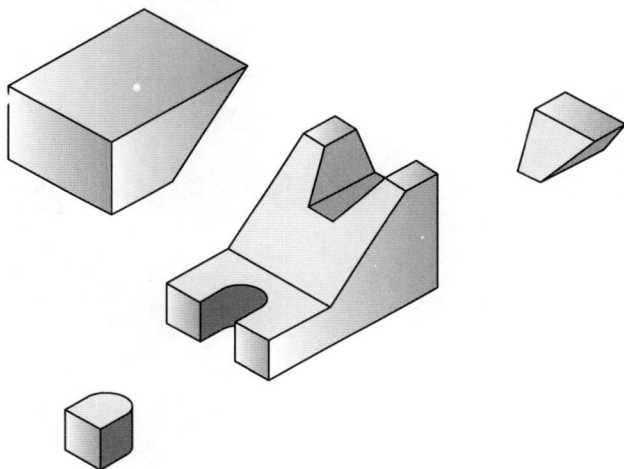

图3-5 切割式组合体及其视图

3 综合

常见的组合体大都是综合式组合体,既有叠加又有切割,如图3-6所示。

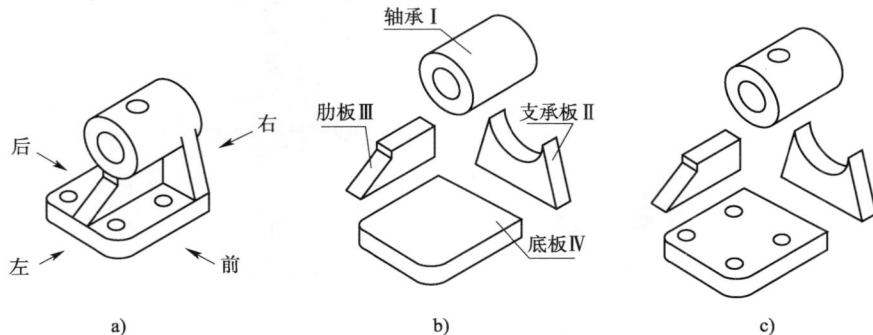

轴承Ⅰ

肋板Ⅲ   支承板Ⅱ

后   右

底板Ⅳ

左   前

a)   b)   c)

图3-6 综合式组合体

形体分析:

(1)支承板的左右面与轴承外边面相切,叠加底板上。

(2)肋板与轴承相交,肋板叠加底板上。

（3）支承板后端面与底板后端面平齐，与轴承后端面面不平齐。

（4）底板钻有4个均布的通孔，前端面倒角。

三 常见表面交线

1 截交线

由平面截切立体所形成的表面交线称为截交线，该平面称为截平面。

（1）截交线具有以下基本特征（图3-7）：

①截交线为封闭的平面图形。

②截交线既在截平面上，又在立体表面上，是截平面与立体表面的共有线。

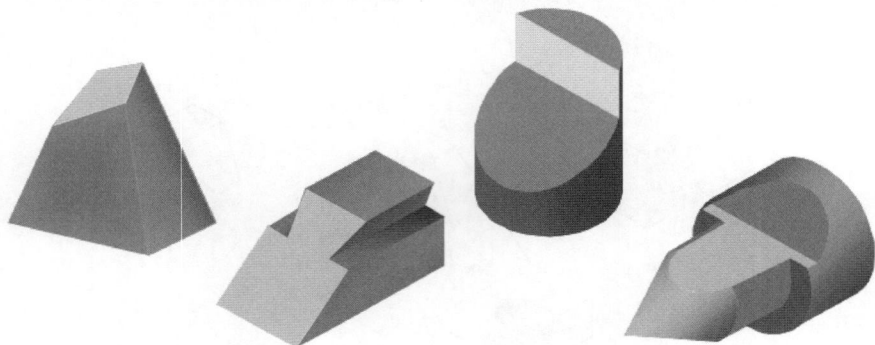

图3-7　各种表面立体截交线

（2）圆柱的截交线。用一截平面切割圆柱体，所形成的截交线有以下三种情况，如图3-8所示。

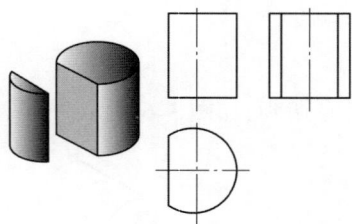

a)截平面与圆柱轴线平行：截交线为矩形

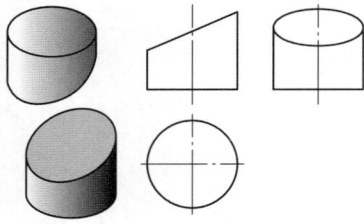

b)截平面与圆柱轴线倾斜：截交线为椭圆

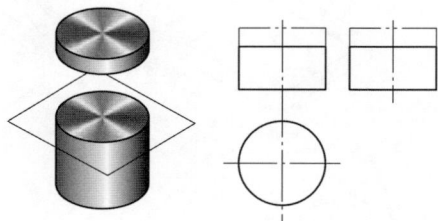

c)截平面与圆柱轴线垂直：截交线为圆

图3-8　平面切割圆柱的截交线

已知不同切口的两圆柱立体图和三视图,分析和比较两三视图的相同处和不同处,如图 3-9 所示。

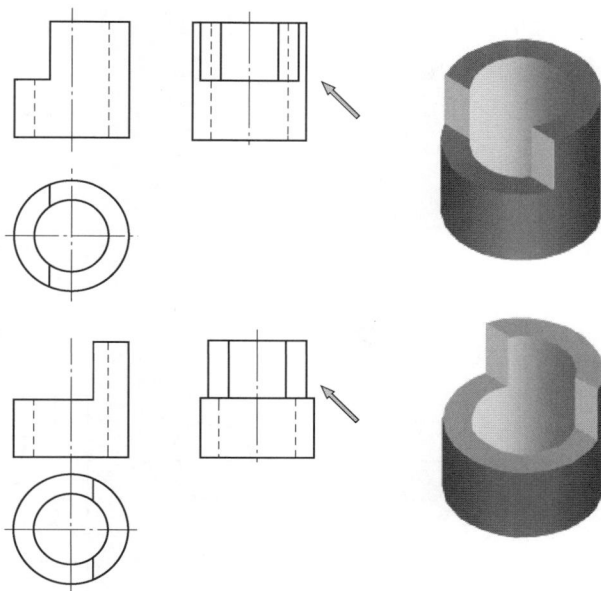

图 3-9 不同切口两圆柱直观图和三视图

(3)球的截交线。

用一截平面切割圆球,不论截平面与圆球的相对位置如何,所形成的截交线都是圆。当截平面与某一投影面平行时,截交线在该投影面上的投影为实形,另外两投影都积聚为直线,该直线长度等于截交线圆的直径,如图 3-10 所示。

2 相贯线

两立体相交称为相贯,表面形成的交线称为相贯线。

相贯线也是机器零件上常见的一种表面交线(图 3-11),零件表面上的相贯线大都是圆柱、圆锥、球面等曲面立体表面相交而成。

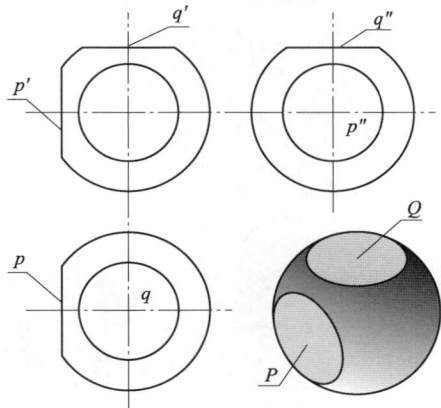

图 3-10 球的截交线

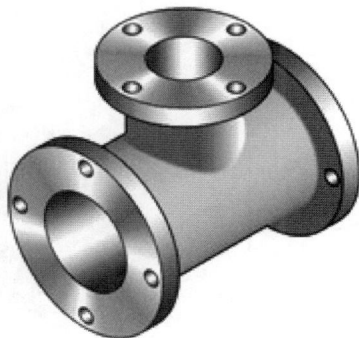

图 3-11 相贯线实例

（1）相贯线具有以下两个特性：

①相贯线是互相贯穿的两个形体表面的共有线，也是两个相交形体的表面分界线。

②由于形体占有一定的空间，所以，相贯线一般是闭合的空间曲线，有时则为平面曲线。

（2）两圆柱正交相贯线。当两回转体轴线互相垂直时称正交，图 3-12 是三种常见的圆柱正交相贯形式。

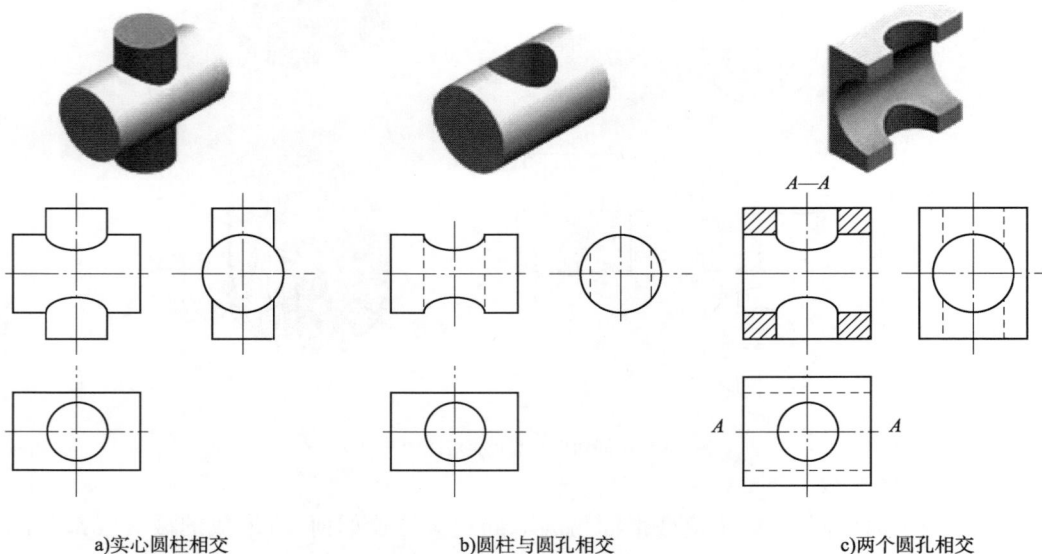

a)实心圆柱相交　　　　　b)圆柱与圆孔相交　　　　　c)两个圆孔相交

图 3-12　圆柱正交相贯形式

两圆柱正交相贯线的投影特点（图 3-13）：两圆柱正交时，相贯线为一闭合的空间曲线，也是两圆柱面的共有线。小圆柱轴线垂直于水平投影面，相贯线的水平投影积聚在小圆柱水平投影的圆周上；大圆柱轴线垂直于侧投影面，相贯线的侧面投影积聚在大圆柱侧面投影的部分圆弧上。相贯线的正面投影则必须由作图求出（图 3-14）。

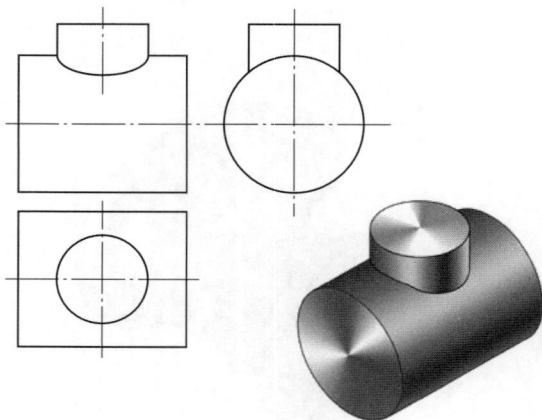

图 3-13　圆柱正交相贯线　　　　　　　　图 3-14　圆柱正交相贯线的作图

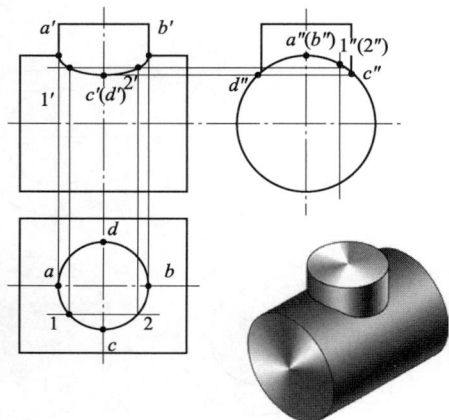

当圆直径变化时,相贯线的变化趋势如图 3-15 所示。

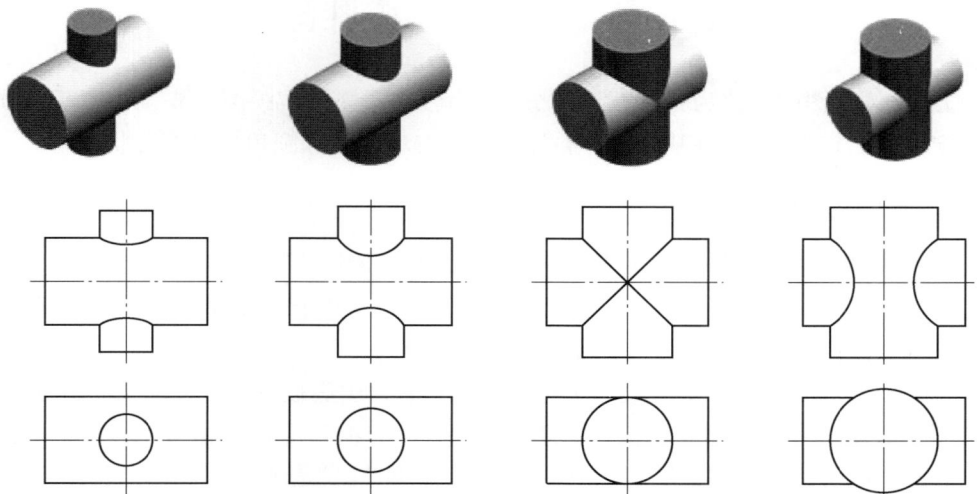

图 3-15 直径变化,两圆柱相贯线的变化趋势

①相贯线的投影曲线始终由小圆柱向大圆柱轴线弯曲。

②当两圆柱直径相差越小时,相贯线的投影越弯曲近大圆柱的轴线。

③当两个圆柱的直径相等时,相贯线的投影为相交的两直线。

简化作图:通常用圆弧代替曲线。圆弧的半径等于相贯两圆柱中大圆柱的半径,圆弧弯曲的方向朝着大圆柱的轴线(图 3-16)。

(3)轴线共有相贯。当两回转体具有公共轴线时,其相贯线为圆,如图 3-17 所示。

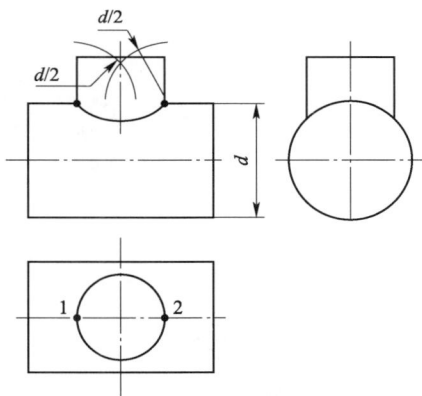

图 3-16 相贯线的简化画法

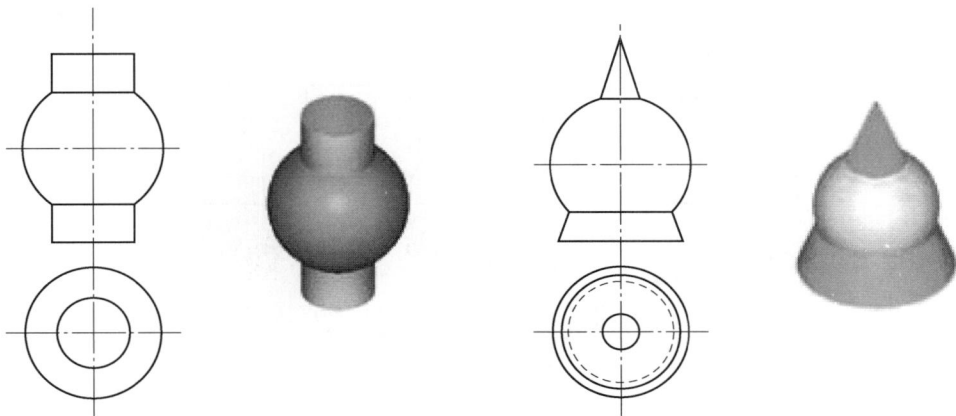

图 3-17 轴线共有相贯视图

课题二 组合体三视图画法

画组合体视图的思路为先进行形体分析,然后选择视图。画图时先画主要后画次要的,先定位置后定形状,先画基本形体叠加,再画切口、穿孔和圆角等局部形状。

一 形体分析

画三视图以前,应对组合体进行形体分析,先看清楚该组合体的形状、结构特点以及表面之间的相互关系,明确组合形式;然后将组合体分成几个组成部分,进一步了解组成部分之间的分界线特点,为画三视图做好准备。

图3-18a)所示为一轴承座,通过形体分析可知它是由底板、支撑板、加强肋板、圆筒组成,如图3-18b)所示。底板、支撑板和加强肋板两两的组合形式为相接;支撑板的左、右侧面和圆筒外表面相切;加强肋板与圆筒属于相贯,相贯线是圆弧和直线;底板上有两个圆柱形通孔。

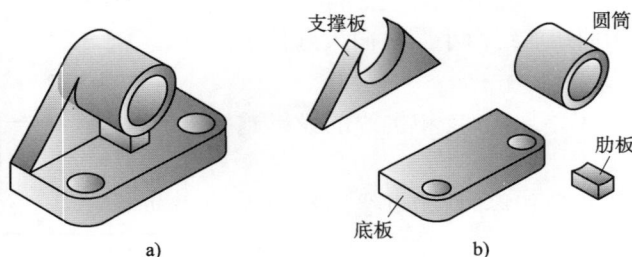

图3-18 轴承座

二 选择视图

选择视图首先需要确定主视图。通常要求主视图能较多地表达物体的形状和特征,即尽量将组成部分的形状和相互关系反映在主视图上,并使主要平面平行于投影面,以便投影表达实体。图3-19从箭头A方向看去,所得到的视图满足所述的基本要求,可以作为主视图。

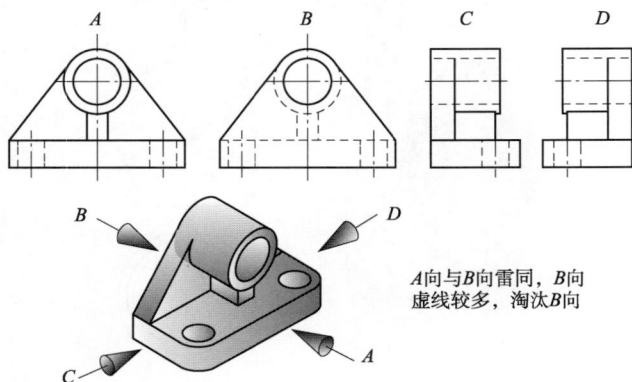

A向与B向雷同,B向
虚线较多,淘汰B向

图3-19 轴承座主视图选择

主视图确定之后,俯视图和左视图也就随之确定了。底板需要水平面投影表达其形状和两孔中心的位置;肋板则需要侧面投影表达形状。因此,三个视图都是必需的,缺少一个视图都不能将物体表达清楚。

三 选择比例,确定图幅

视图确定以后,便要根据物体的大小选择适当的作图比例和图幅的大小,并且要符合制图标准的规定。同时,要注意所选幅面的大小应留有余地,以便标注尺寸,画标题栏和写说明等。

四 布置视图

布置视图时,要根据各视图每个方向上的最大尺寸和视图间需留的间隙,来确定每个视图的位置。视图间的间隙应保证标注尺寸后尚有适当的余地,并且要求布置均匀,不宜偏向一方。

五 画底图

画底图时,应注意以下几点:

(1)合理布局后,画出每个视图互相垂直的两根基准线。

(2)按组成物体的基本形体,逐一画出它们的三视图。画图的先后顺序,一般是从主视图到俯视图和左视图;先画主要组成部分,后画次要部分;先画看得见的部分,后画看不见的部分;先画主要的圆或圆弧,后画直线。

(3)画每一基本形体时,一般是三个视图对应着一起画。先画反映实形或有特征(圆、多边形)的视图,再按投影关系画其他视图(图3-20),尤其要注意必须按投影关系正确地画出相接、相切和相贯处的投影。

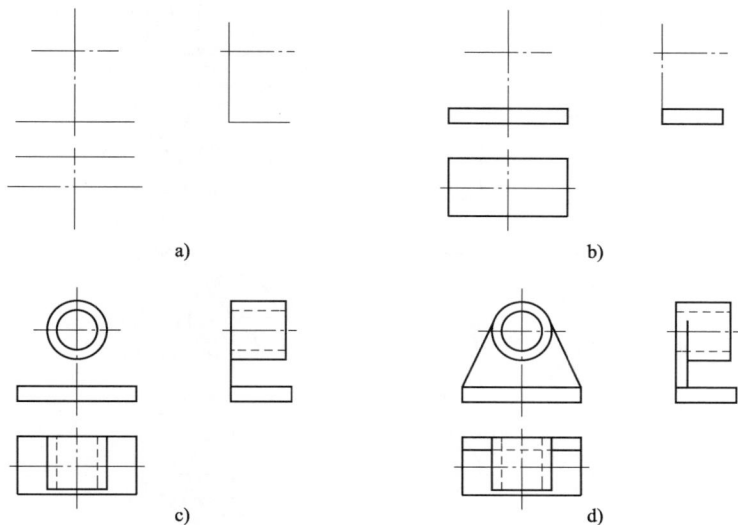

a)   b)

c)   d)

图 3-20

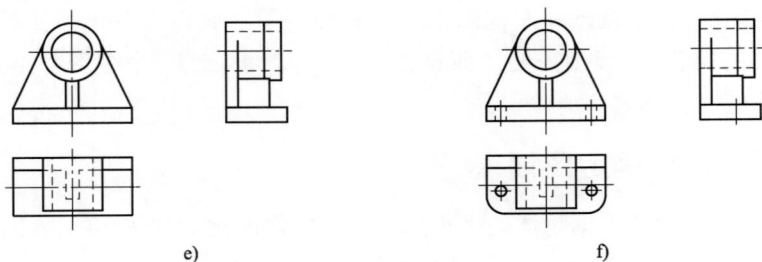

e)   f)

图 3-20   轴承座绘图步骤

六 检查,描深

检查底稿,改正错误,然后再描深。描深时应注意尽可能使同类线型保持深浅和粗细一致。

课题三   组合体的尺寸标注

标注组合体尺寸的要求是正确、完整、清晰。正确是指标注出的尺寸应符合国家标准的有关规定;完整是指尺寸应齐全,既不遗漏,也不重复;清晰是指尺寸布置要整齐,便于查找和阅读。

一 组合体尺寸的分类

1 定形尺寸

定形尺寸是指确定组合体各组成部分大小的尺寸。图 3-21 所示为常见形体的定形尺寸。

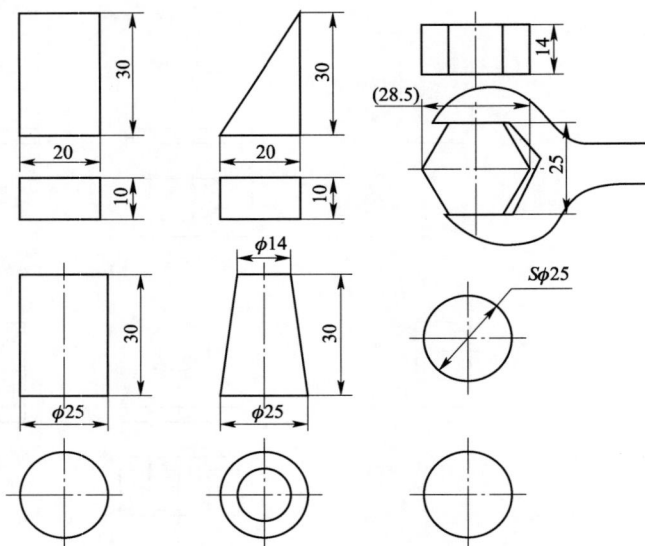

图 3-21   常见形体的定形尺寸

2 定位尺寸

定位尺寸是指确定组合体各组成部分相对位置的尺寸,图 3-22 所示为常见形体的定位尺寸。

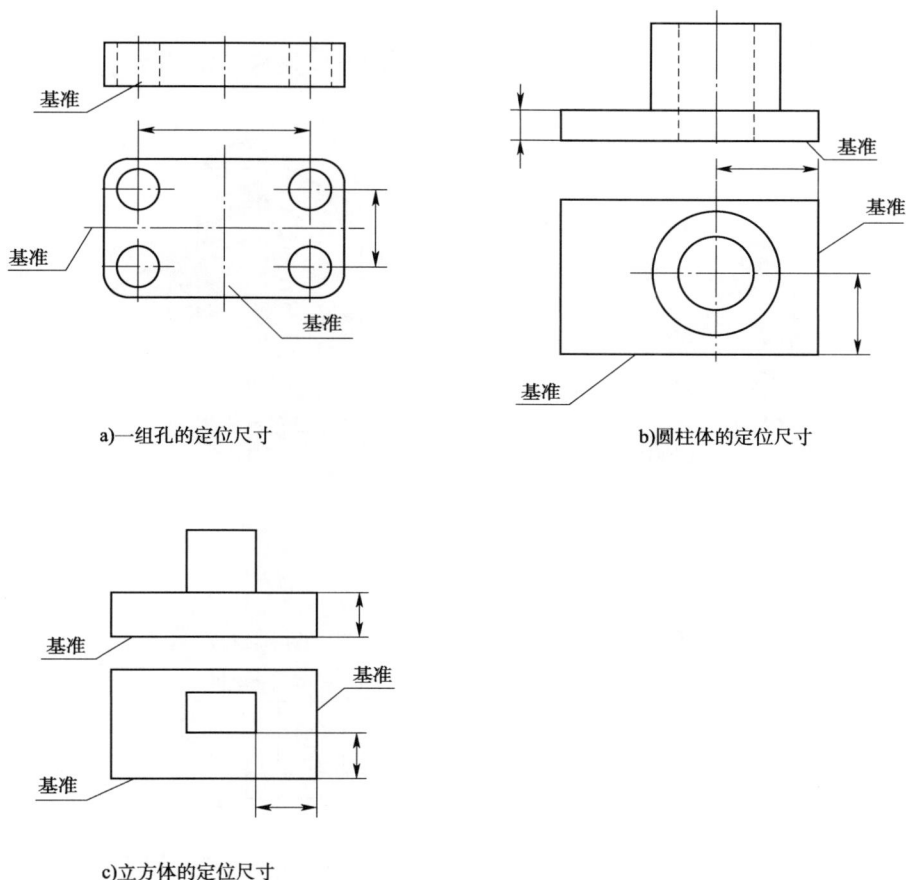

a)一组孔的定位尺寸

b)圆柱体的定位尺寸

c)立方体的定位尺寸

图 3-22　常见形体的定位尺寸

3 总体尺寸

总体尺寸是指确定组合体总长、总宽和总高的尺寸。

上述三类尺寸不能截然区分,有时一个尺寸既可是定形尺寸,又可是定位尺寸或总体尺寸。

二 尺寸基准

标注尺寸的起点称为尺寸基准(简称基准)。

组合体具有长、宽、高三个方向的尺寸,标注每一个方向的尺寸都应先选择好基准。标注时,通常选择组合体的底面、端面、对称面、轴心线、对称中心线等作为基准。

图 3-23 所示轴承座的尺寸基准是:长度方向尺寸以对称面为基准;宽度方向尺寸以后端面为基准;高度方向尺寸以底面为基准。

三 标注组合体尺寸的步骤

现以图 3-24 所示支架为例,说明标注组合体尺寸的方法和步骤。

1 形体分析

将支架分为底板和立板两部分,立板和底板的前后面都不平齐,并左右对称叠加在底板上,如图 3-24 所示。

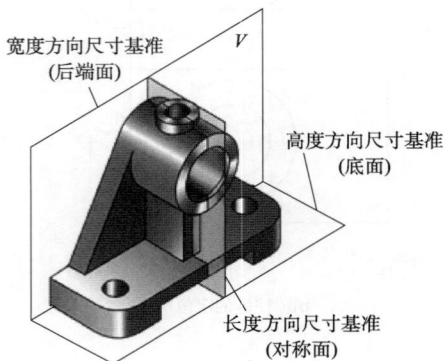

图 3-23 轴承座的尺寸基准

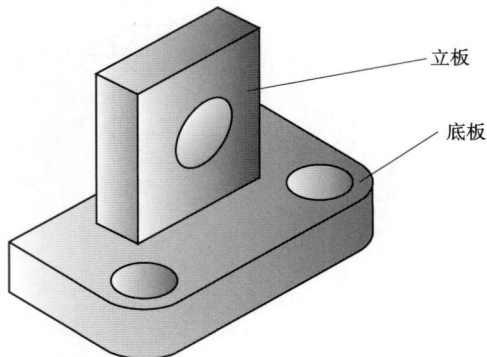

图 3-24 支架

2 选择尺寸基准(图 3-25)

3 逐个标注出底板和立板的定形尺寸和定位尺寸(图 3-26)

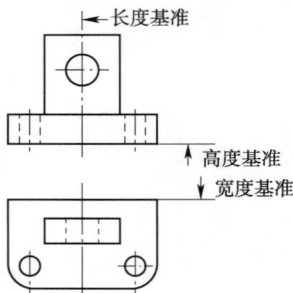

图 3-25 支架三视图基准选择

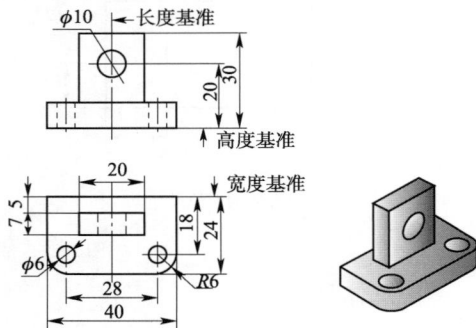

图 3-26 支架三视图尺寸标注

4 进行调整,注出所需的总体尺寸

支架的总体尺寸已经由定形尺寸 40、24 和定位尺寸 30 所标出。

课题四 组合体视图的识读

画图是将实物或想象(设计)中的物体运用正投影法表达在图样上,是一种从空间形体到平面图形的表达过程。看图,也就是我们常说的读图,是这一过程的逆过程,是根据平面图形(视图)想象出空间物体的结构形状。对于初学者来说,看图是比较困难的,但只要我们综合运用所学的投影知识,掌握看图要领和方法,多看图、多想象,逐步锻炼由图到物的形象思维,就能不断地提高看图能力。

看图的基本方法有两种,一种称为形体分析法,一种称为线面分析法。

一 形体分析法

形体分析法是根据视图的特点,基本形体的投影特征,把物体分解成若干个简单的形体,分析出组合形式后,再将它们组合起来,构成一个完整的组合体。

用形体分析法看视图的步骤及方法如下。

❶ 认识视图,抓住特征

认识视图就是先弄清图样上共有几个视图,然后分清图样上其他视图与主视图之间的位置关系。

抓住特征就是先找出最能代表物体构形的特征视图,通过与其他视图的配合,对物体的空间构形有一个大概的了解。

❷ 分析投影,联想形体

参照物体的特征视图,从图上对物体进行形体分析,按照每一个封闭线框代表一个形体轮廓的投影原理,把图形分解成几个部分。再根据三视图"长对正"、"高平齐"、"宽相等"的投影规律,划分出每一块的三个投影,分别想出它们的形状。一般顺序是先看主要部分,后看次要部分;先看容易确定的部分,后看难于确定的部分;先看整体形状,后看细节形状。

❸ 综合起来,想象整体

在看懂了每一块形体形状的基础上,再根据整体的三视图,找它们之间的相对位置关系,逐渐想象出一个整体形状。

下面以轴承座为例,说明用形体分析法看图的方法,补画第三视图如图 3-27 所示。

（1）分析视图,抓特征,如图 3-28 所示。

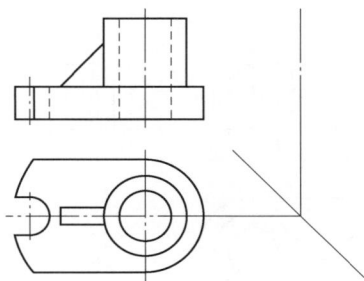

图 3-27 补画轴承座第三视图   图 3-28 轴承座视图分析

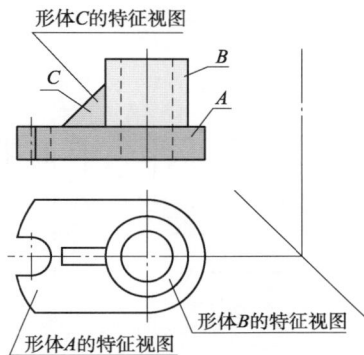

（2）分析形体对应投影,想象实体形状,如图 3-29 所示。

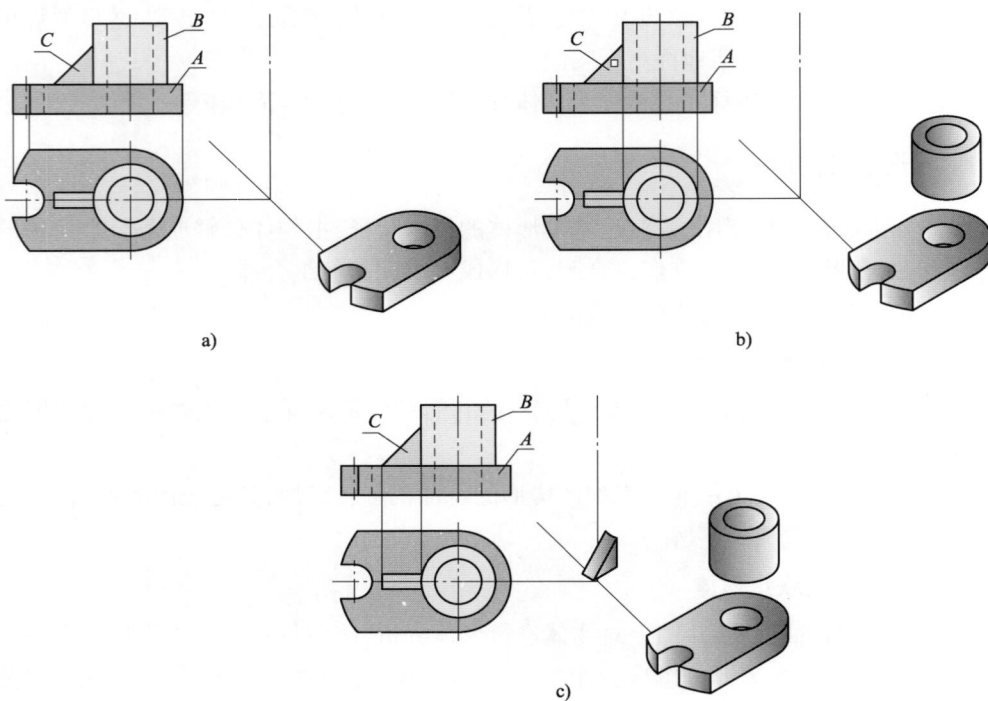

a)

b)

c)

图 3-29　形体投影分析步骤

（3）补画形体 A、B、C 左视图投影，如图 3-30 所示。

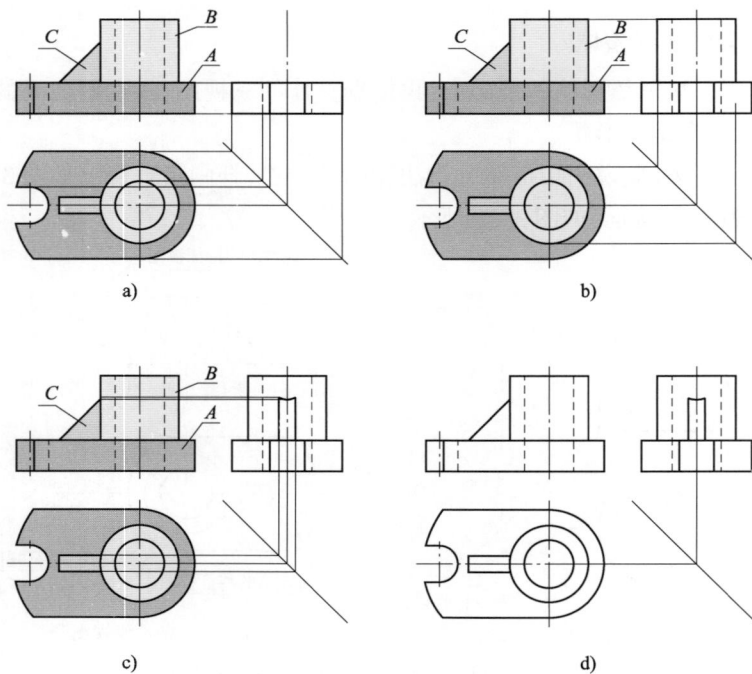

a)

b)

c)

d)

图 3-30　补画视图步骤

(4)检查擦去多余的线,并描深,如图 3-30d)所示。

二 线面分析法

在一般情况下,只用形体分析法看图就可以了。但是对于一些比较复杂的物体(如较复杂的切割类组合体),单用形体分析法还不够,还要应用另一种分析方法——线面分析法来进行分析,集中解决看图的难点。

线面分析法就是运用线面的投影规律,分析视图中的线条、线框的含义和空间位置,从而看懂视图。

线面分析法的一般步骤是:①用形体分析法先做主要分析;②用线面分析法再作补充分析;③综合起来想整体。

下面以切割式组合体图例说明用线面分析法看图的方法,如图 3-31 所示,读懂组合体三视图,想象实物。

(1)分析可知,该组合体是由一个长方体切割掉若干部分形成,又从俯视图中 a 线框三个视图投影可知,长方体被一正垂面切去左上角,如图 3-32 所示。

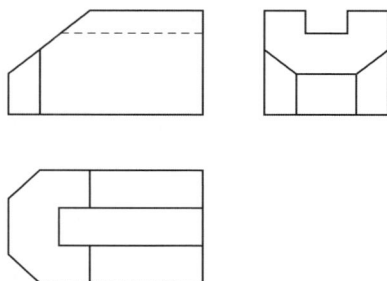

图 3-31 切割式组合体视图

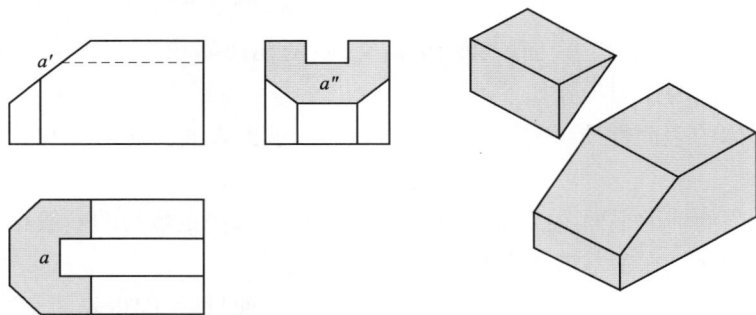

图 3-32 用线面分析法读图(一)

(2)由主视图中 b′线框对应的三视图投影可知,长方体被两铅垂面前后对称的切去左前、左后角,如图 3-33 所示。

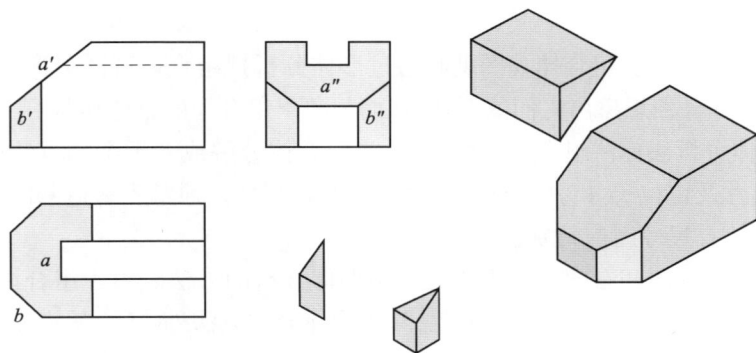

图 3-33 用线面分析法读图(二)

（3）由左右视图中缺口"对投影"可知,长方体被两正平面、一水平面切去一通槽,如图 3-34 所示。

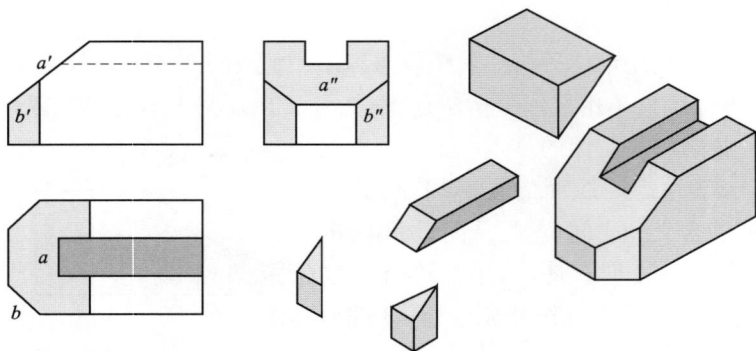

图 3-34　用线面分析法读图（三）

单元小结

本章着重叙述了截交线、相贯线的画法,用形体分析法和线面分析法来说明组合体的画图方法、看图方法和尺寸标注方法,为后续章节识读和绘制零件图、装配图作了准备。

（1）几何体被平面截切,表面就会产生截交线;两几何体相交,表面就会产生相贯线。求截交线和相贯线的作图步骤如下：

①分析形体的表面性质,根据基本形体的投影,求出表面交线的特殊点,以确定表面交线的范围。

②选择适当的辅助平面,在特殊点之间的适当位置求一定数目的一般点。

③根据表面交线在基本形体上的位置判断可见性。

④根据可见性的判断结果,依次光滑连接各点的同面投影,即得表面交线的投影。用粗实线表示表面交线投影的可见部分,用虚线表示其不可见部分。

（2）用形体分析法画组合体视图就是将比较复杂的组合体分解为若干个基本几何体,按其相互位置画出每个基本几何体的视图,将这些视图组合起来,即可得整个组合体的视图。

（3）用形体分析法看组合体视图就是通过形体分析把组合体视图分离为若干个基本几何体的视图,并分别想象出它们的形状,从而想象出组合体的整体形状。

（4）用形体分析法标注组合体尺寸,就是将组合体分解成若干个基本几何体后,逐个标出其定形尺寸及定位尺寸,然后标出组合体的总体尺寸。通常容易遗漏的是定位尺寸,因此在标注和检查尺寸时应特别注意。

（5）组合体的画图和看图方法主要是运用形体分析的方法。由于组合体的基本形体经常是不完整的,有表面交线出现。因此,除用形体分析方法外,还要从表面交线入手,运用线面分析方法进行分析,并应注意:画图时求交线,看图时分析交线,标注尺寸时不标注交线。

思考与练习

(一)选择题

1. 正确的左视图是(　　　)。

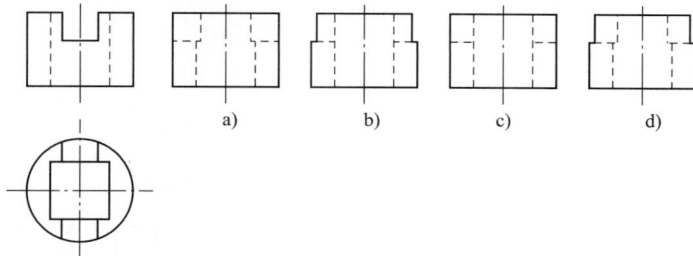

　　　　　　a)　　　　　b)　　　　　c)　　　　　d)

2. 正确的左视图是(　　　)。

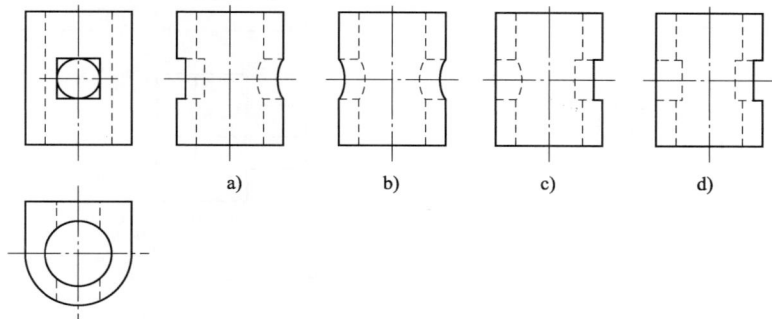

　　　　a)　　　　　b)　　　　　c)　　　　　d)

3. 正确的左视图是(　　　)。

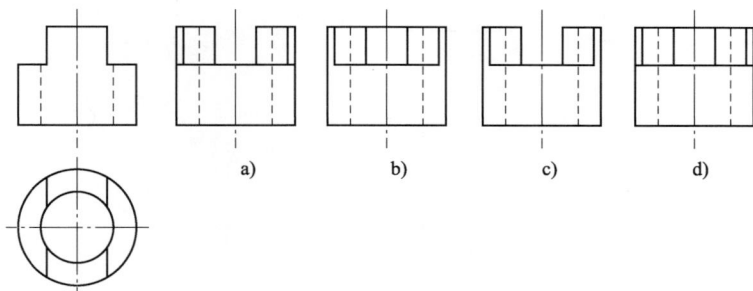

　　　　a)　　　　　b)　　　　　c)　　　　　d)

4. 正确的左视图是(　　　)。

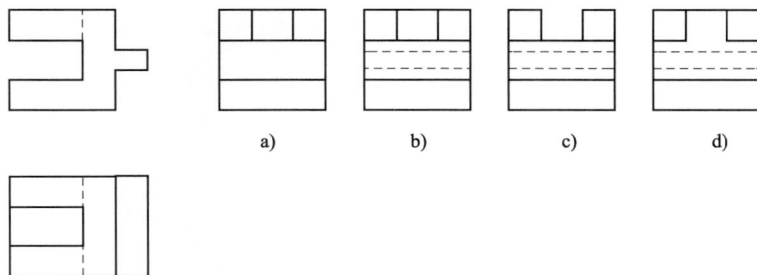

　　　　a)　　　　　b)　　　　　c)　　　　　d)

5. 正确的左视图是(　　　)。

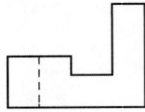

a)　　　　　　b)　　　　　　c)　　　　　　d)

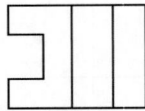

(二)补图练习题

1. 补画视图中缺漏的图线。

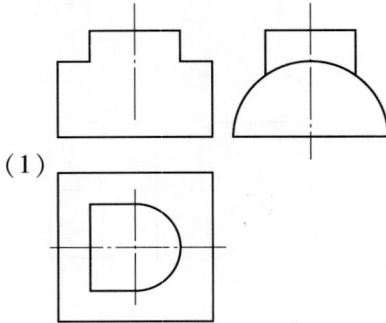

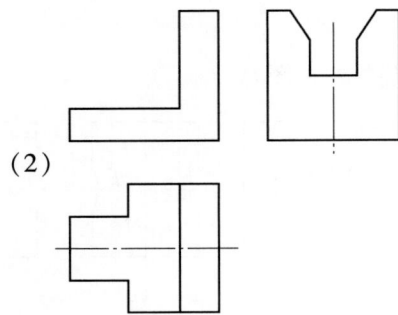

(1)　　　　　　　　　　　　(2)

2. 根据已给的两面视图画出第三面视图。

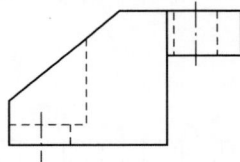

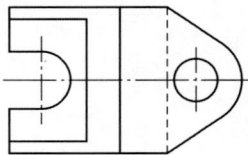

单元四　机件的常用表达方法

学习目标

1. 熟悉向视图、局部视图和斜视图的画法与标注；
2. 理解剖视的概念，掌握画各种剖视图的方法与标注；
3. 能识读移出断面图和局部放大图。

建议课时

8 课时。

课题一　视　　图

视图是应用正投影法将零件向各投影面投射所得到的图形，主要用来表达零件的外部形状。视图分为基本视图、向视图、局部视图和斜视图四种。

一　基本视图

物体向基本投影面投射所得的视图，称为基本视图。

采用正六面体的六个面为基本投影面。将物体放在正六面体中，由前、后、左、右、上、下 6 个方向，分别向 6 个基本投影面投射得到 6 个视图如图 4-1a）所示，再按图 4-1b）所示的展开方法展开，便得到位于同一平面的 6 个基本视图，如图 4-1c）所示。

6 个基本视图之间，必须符合“长对正”、“高平齐”、“宽相等”的投影关系。

基本视图主要用于表达零件在基本投影方向上的外部形状。在绘制零件图样时，应根据零件的结构特点，按实际需要选用视图。一般应优先考虑选用主、俯、左三个基本视图，然后再考虑其他的基本视图。总的要求是表达完整、清晰，又不重复，使视图数量最少。

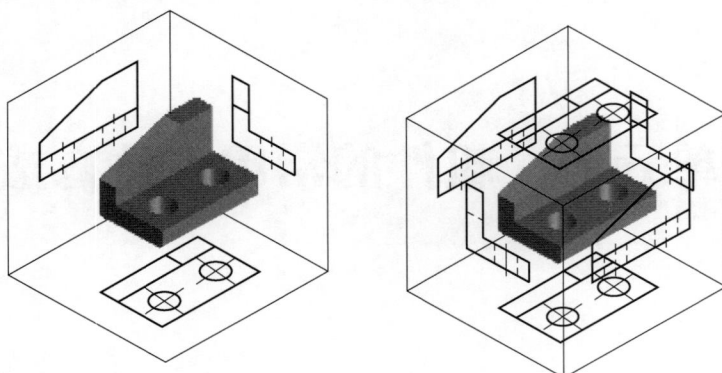

a)

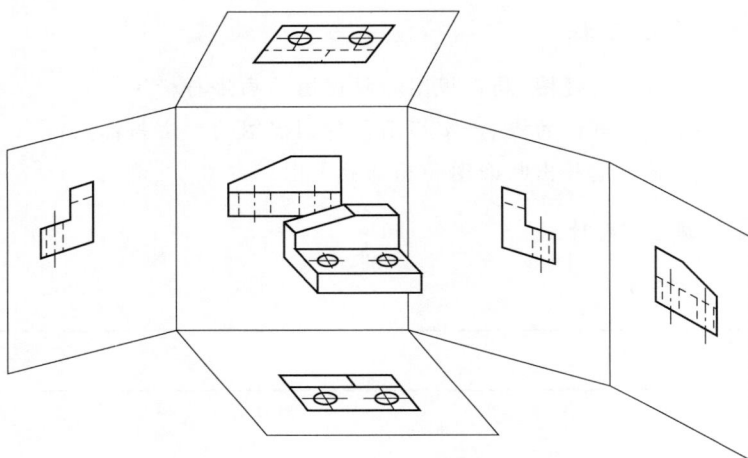

b)

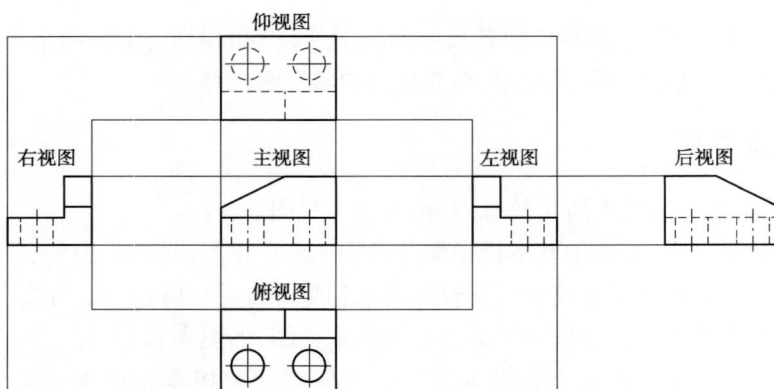

仰视图

右视图　　主视图　　左视图　　后视图

俯视图

c)

图 4-1　六个基本视图的形成

二　向视图

向视图是可自由配置的视图。在采用这种表达方式时,应在向视图的上方标注"×"("×"为大写拉丁字母),在相应视图的附近用箭头指明投射方向,并标注相同的字母,如图 4-2 所示。

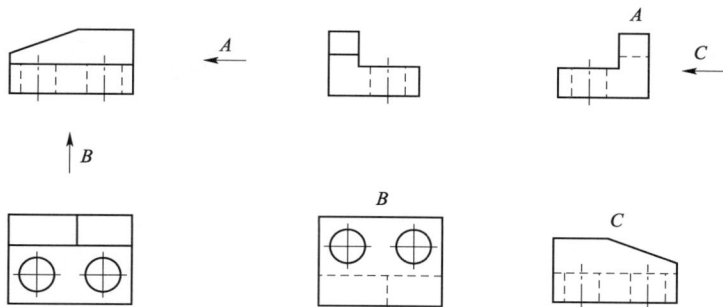

图 4-2　向视图

三　局部视图

如图 4-3a)所示零件,用两个基本视图(主、俯视图)能将零件的大部分形状表达清楚,只有圆筒左侧的凸缘部分未表达清楚,如果再画一个完整的左视图,则显得有些重复。因此,在左视图中可以只画出凸缘部分的图形,而省去其余部分,如图 4-3b)所示。这种将物体的某一部分向基本投影面投射所得的视图,称为局部视图。

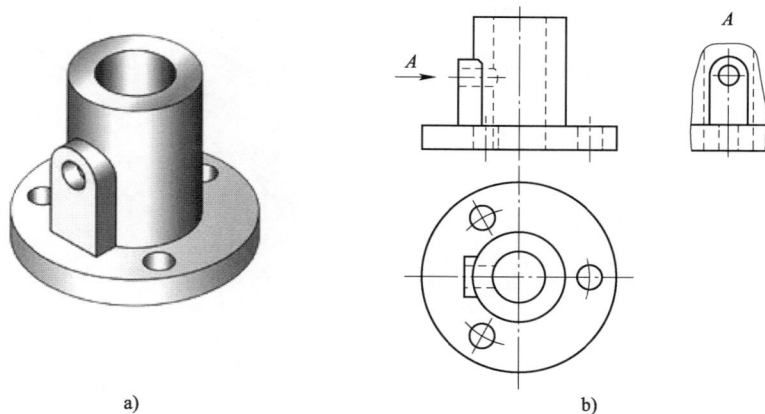

图 4-3　局部视图

局部视图可按基本视图的配置形式配置,也可按向视图的配置形式配置并标注。当局部视图按投影关系配置,中间又没有其他图形隔开时,可省略标注。

局部视图的断裂边界应以波浪线或双折线表示。当它们所表示的局部结构是完整的,且外轮廓线又成封闭时,断裂边界线可省略不画,如图 4-4 所示。

局部视图应用起来比较灵活。当物体的其他部位都表达清楚,只差某一局部需要表达时,就可以用局部视图表达该部分的形状,这样不但可以减少基本视图,而且可以使图样简单、清晰。

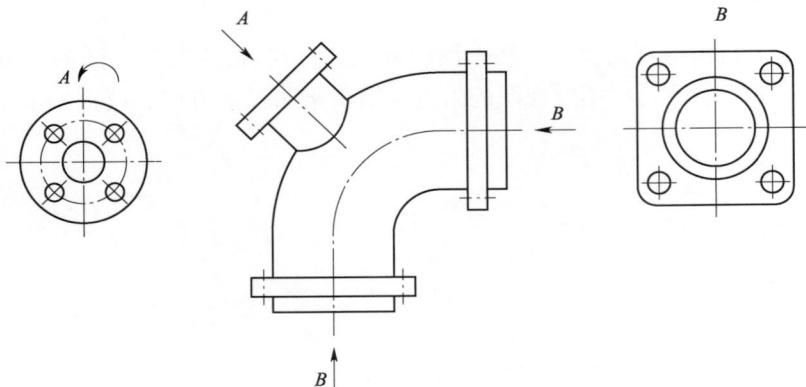

图 4-4 局部视图

四 斜视图

图 4-5a)所示零件,具有倾斜部分,在基本视图中不能反映该部分的实形,这时可选用一个新的投影面,使它与零件上倾斜部分的表面平行,然后将倾斜部分向该投影面投影,就可得到反映该部分实形的视图,如图 4-5b)所示。这种物体向不平行于基本投影面的平面投射所得的视图称为斜视图。

斜视图主要用来表达物体上倾斜部分的实形,所以其余部分不必全部画出而用波浪线或双折线断开。

斜视图通常按向视图的配置形式配置并标注[图 4-5b)]。必要时,允许将斜视图旋转配置;标注时,表示该视图名称的大写拉丁字母应靠近旋转符号的箭头端[图 4-5c)]。

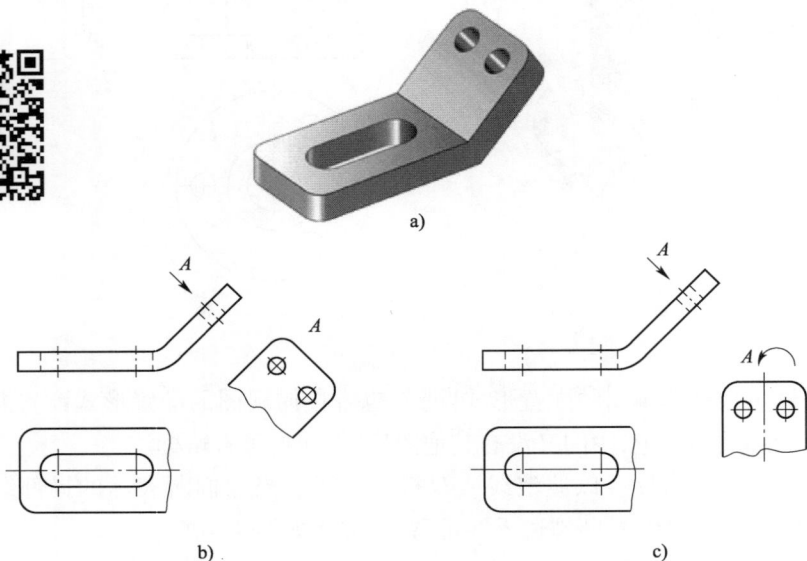

图 4-5 斜视图

课题二　剖　视　图

视图主要用来表达零件的外部形状,如果零件的内部形状结构比较复杂,视图上会出现较多的细虚线、实线交叉重叠,既不便于看图,也不便于画图和标注尺寸。为了能够清晰地表达零件的内部结构,采用剖视的方法画图。

一　剖视图

假想用剖切面剖开物体,将处在观察者和剖切面之间的部分移去,而将其余部分向投影面投射所得的图形,称为剖视图,简称剖视。

如图 4-6a) 所示,假想用一个剖切平面从零件中间剖切开,移去前面部分,将剩余部分在向 V 面投影,得到图 4-6c) 所示的主视图,图 4-6b) 中的细虚线在图 4-6c) 中变成了看得见的实线。

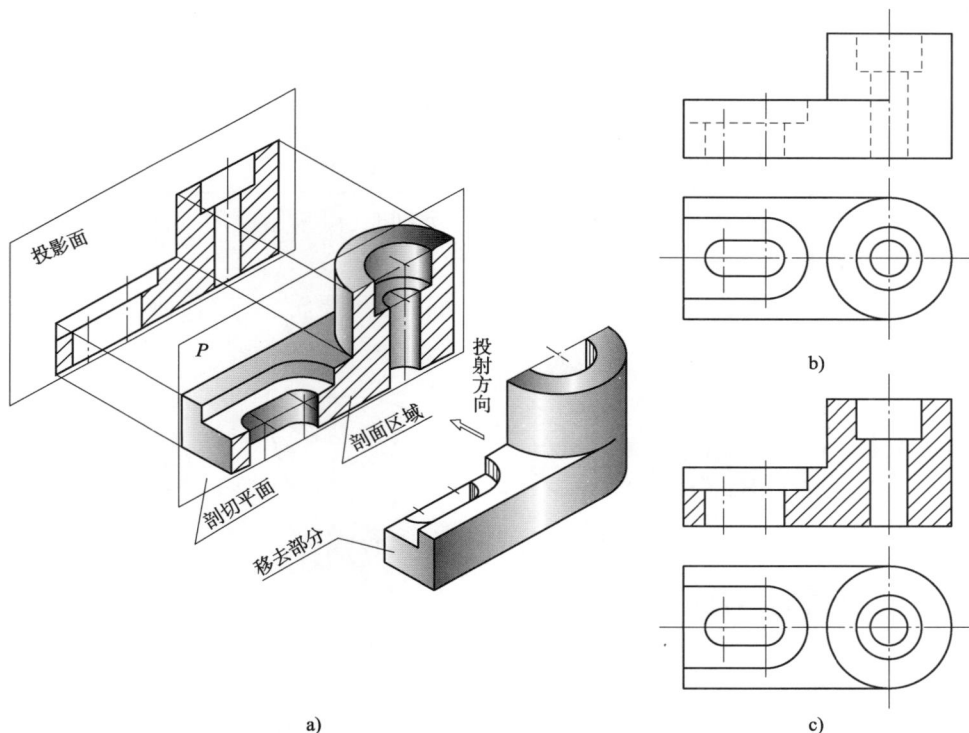

图 4-6　剖视图的形成

二　剖面符号

剖视图中,剖面区域一般应画出特定的剖面符号,零件材料不同,剖面符号也不相同。画机械图时应采用国家标准中规定的剖面符号,见表 4-1。

剖 面 符 号   表 4-1

金属材料(已有规定剖面符号者除外)		木质胶合板(不分层数)	
线圈绕组元件		基础周围的泥土	
转子,电枢、变压器和电抗器等的叠钢片		混凝土	
非金属材料(已有规定剖面符号者除外)		钢筋混凝土	
型砂、填砂、粉末冶金、砂轮、陶瓷刀片、硬质合金刀片等		砖	
玻璃及供观察用的其他透明材料		格网(筛网、过滤网等)	
木材	纵断面	液体	
	横断面		

剖视图中,不需要在剖面区域中表示材料的类别时,可采用通用剖面线表示,即画成互相平行的细实线。

通用剖面线应以适当角度的细实线绘制,最好与主要轮廓或剖面区域的对称线成45°,如图4-7所示。

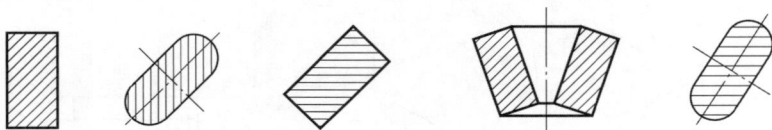

图 4-7   通用剖面线的绘制

三 剖视图的标注

1 标注方法

一般应在剖视图的上方标注剖视图的名称"×—×"(×为大写拉丁字母或阿拉伯数字)。在相应的视图上用剖切符号表示剖切位置和投射方向,并标注相同的字母(图4-8)。剖切符号是指剖切面起讫、转折(用粗短线表示)及投射方向(用箭头表示)的符号。

2 一些可以省略标注的场合

(1)当剖视图按投影关系配置,中间又没有其他图形隔开时,可省略箭头。

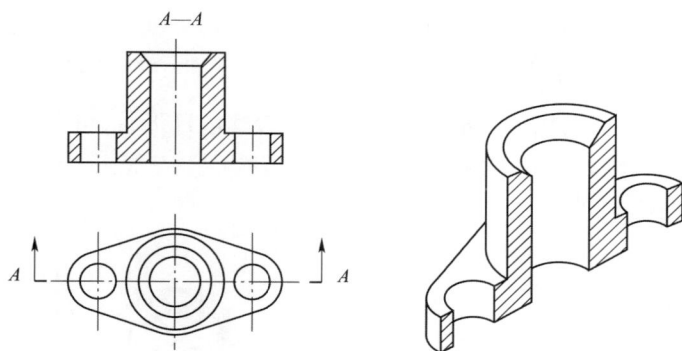

图 4-8 剖视图标注

（2）当单一剖切平面通过物体的对称平面或基本对称的平面，且剖视图按投影关系配置，中间又没有其他图形隔开时，可省略标注。

（3）当单一剖切平面的剖切位置明显时，局部剖视图的标注可省略。

四 剖切面的选用

由于物体的结构形状千差万别，因此画剖视图时，应根据物体的结构特点，选用不同的剖切面，以便清晰、准确地表达物体的内部形状。

常用的剖切面有以下三种。

❶ 单一剖切平面

平行于某一基本投影面的单一剖切平面剖切，如图 4-9 所示。

❷ 几个平行的剖切平面

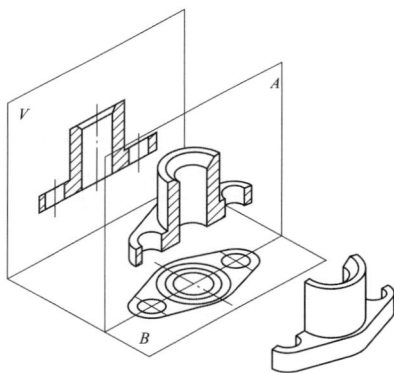

图 4-9 单一剖切平面视图

当零件的内部结构位于几个平行平面时，可采用几个相互平行的剖切面从不同位置的孔轴线剖切开，这样在一个剖视图上可以把几个孔的形状和位置表达清楚，如图 4-10 所示。

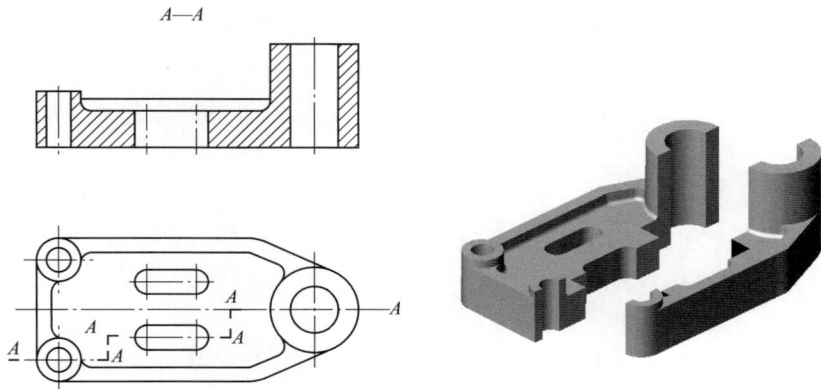

图 4-10 几个平行的剖切平面（旧标准"阶梯剖"）视图

作剖视图时要用符号标注转折处位置,但不要画出两个剖切面转折处的投影。

❸ 几个相交的剖切面

当零件具有回转轴时,用单一剖切面不能完整表达内部形状,可采用两个或两个以上的相交剖切面在回转轴处剖开零件,将剖开后结构旋转到选定的投影面平行投影,其剖视图和标注方法如图4-11所示。

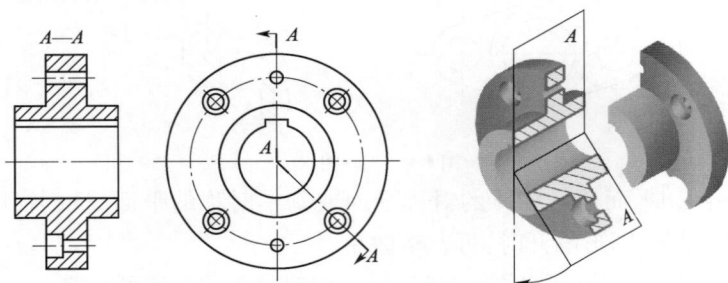

图4-11 几个相交的剖切面(旧标准"旋转剖")视图

采用这种方法画剖视图时,先假想按剖切位置剖开机件,然后将被剖切平面剖开的倾斜部分结构及其有关部分,绕回转中心(旋转轴)旋转到与选定的基本投影面平行后再投影。

五 剖视图的种类

❶ 全剖视图

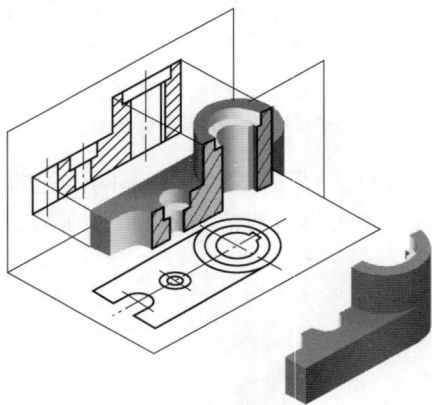

图4-12 全剖剖视图

用剖切面完全地剖开物体所得的剖视图称为全剖视图,如图4-12所示。全剖视图一般适用于表达内形比较复杂、外形比较简单或外形已在其他视图上表达清楚的零件

❷ 半剖视图

当零件具有对称平面时,向垂直于对称平面的投影面上投射所得的图形,可以以对称中心线为界,一半画成剖视图,另一半画成视图,这样的图形称为半剖视图。

图4-13所示零件,主视图上外部形状左右对称,全剖后剖视图也是左右对称,所以在主视图上可以一半画成剖视,另一半画成视图,这样既可以表达零件的外部形状,也可以表达零件的内部结构,如图4-13a)所示。

俯视图也画成半剖视,其剖切情况如图4-13b)所示。

由于半剖视图既充分地表达了机件的内部形状,又保留了机件的外部形状,所以常用它来表达内外形状都比较复杂的对称机件,如图4-13c)所示。

画半剖视图时应注意:

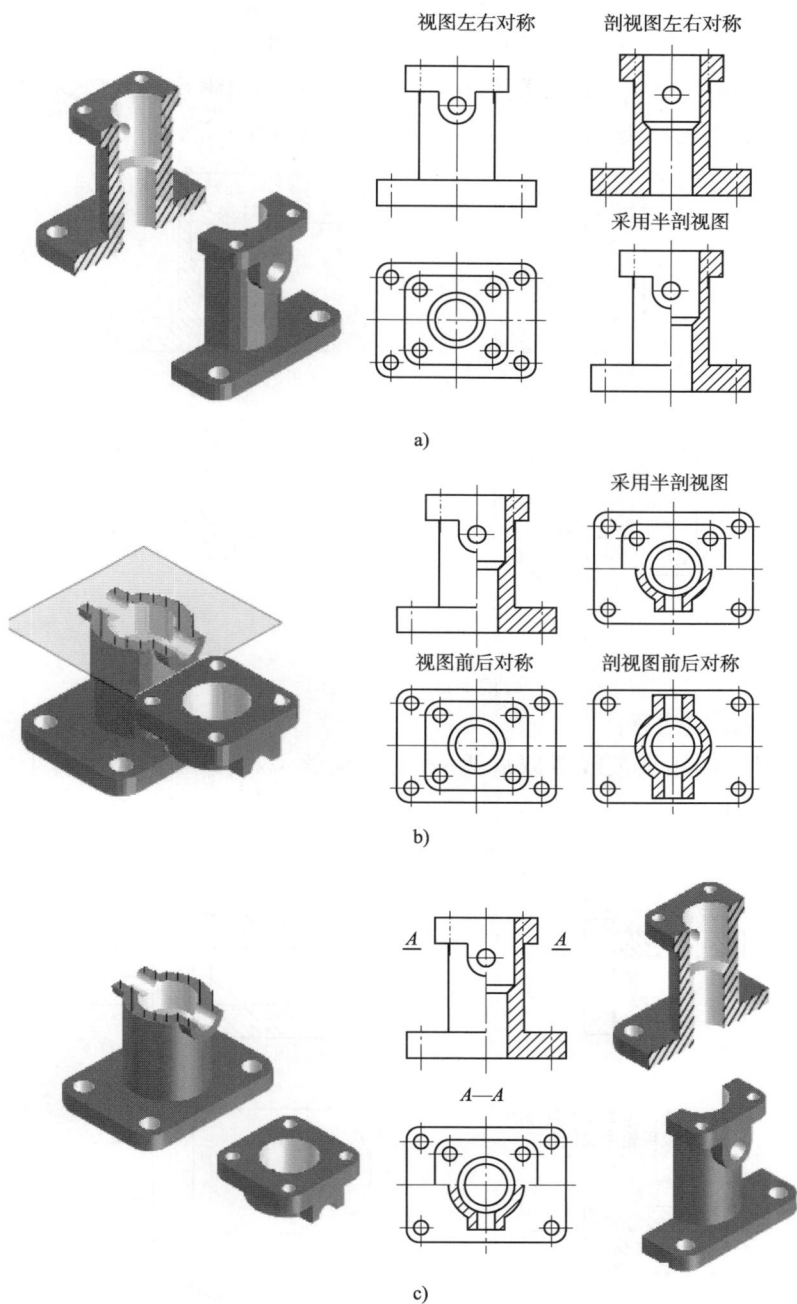

视图左右对称　　剖视图左右对称

采用半剖视图

a)

采用半剖视图

视图前后对称　　剖视图前后对称

b)

c)

图 4-13　半剖剖视图

（1）视图与剖视图的分界线应是对称中心线（细点画线），而不应画成粗实线，也不应与轮廓线重合。

（2）机件的内部形状在半剖视图中已表达清楚，在另一半视图上就不必再画出虚线，但对于孔或槽等，应画出中心线位置。

3 局部剖

用剖切面局部地剖开物体所得的剖视图称为局部剖视图。在图4-13所示零件中,上连接板和下连接板中各有4个通孔,但在半剖视图中只画出中心线位置,不能表达其内部形状,如图4-14a)所示。这时可以采用局部剖,如图4-14b)所示。

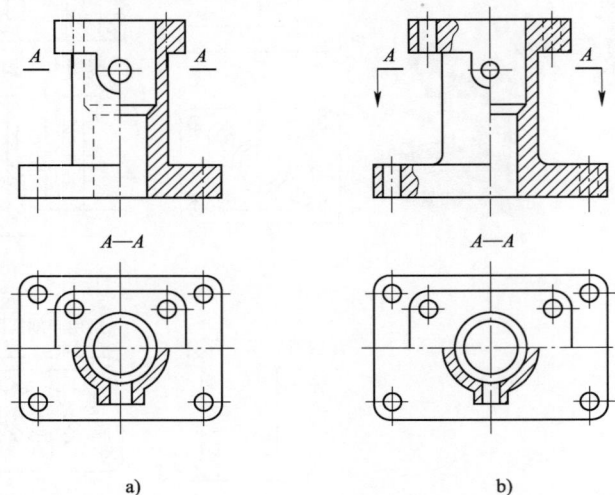

a)   b)

图 4-14 局部剖视图

画局部剖视图应注意:

(1)局部剖视图用波浪线或双折线分界,波浪线、双折线不应和图样上其他图线重合,如图4-15所示。

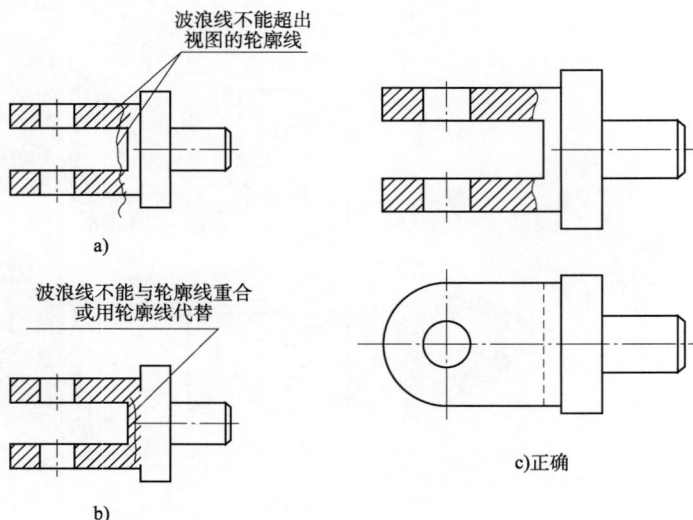

波浪线不能超出
视图的轮廓线

a)

波浪线不能与轮廓线重合
或用轮廓线代替

b)   c)正确

图 4-15 局部剖视图界线

(2)当被剖结构为回转体时,允许将该结构的轴线作为局部剖视与视图的分界线,如图4-16所示。

(3)当单一剖切面的剖切位置明显时,局部剖视图可以省略标注,如图4-16所示。

六 画剖视图的注意事项

（1）剖视图是用剖切面假想地剖开物体，所以，当物体的一个视图画成剖视图后，其他视图的完整性应不受影响，仍按完整视图画出，如图 4-17 所示的俯视图画成完整视图。

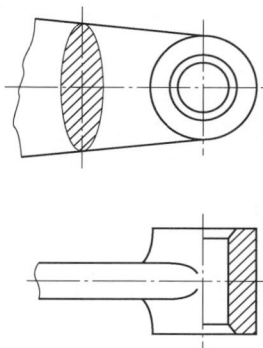

图 4-16 局部剖视图标注

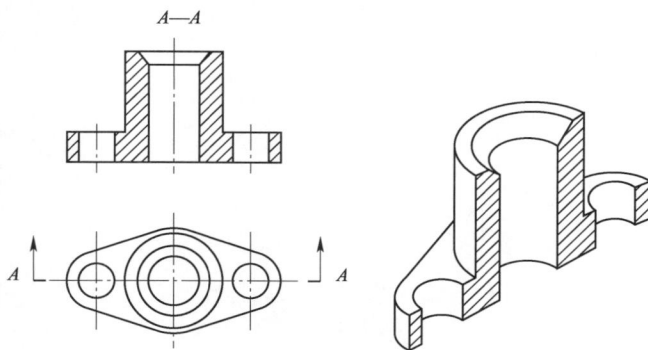

图 14-17 俯视图画成完整视图

（2）在剖切面后方的可见部分应全部画出，不能遗漏，也不能多画。图 4-18 所示是画剖视图时几种常见的漏线、多线现象。

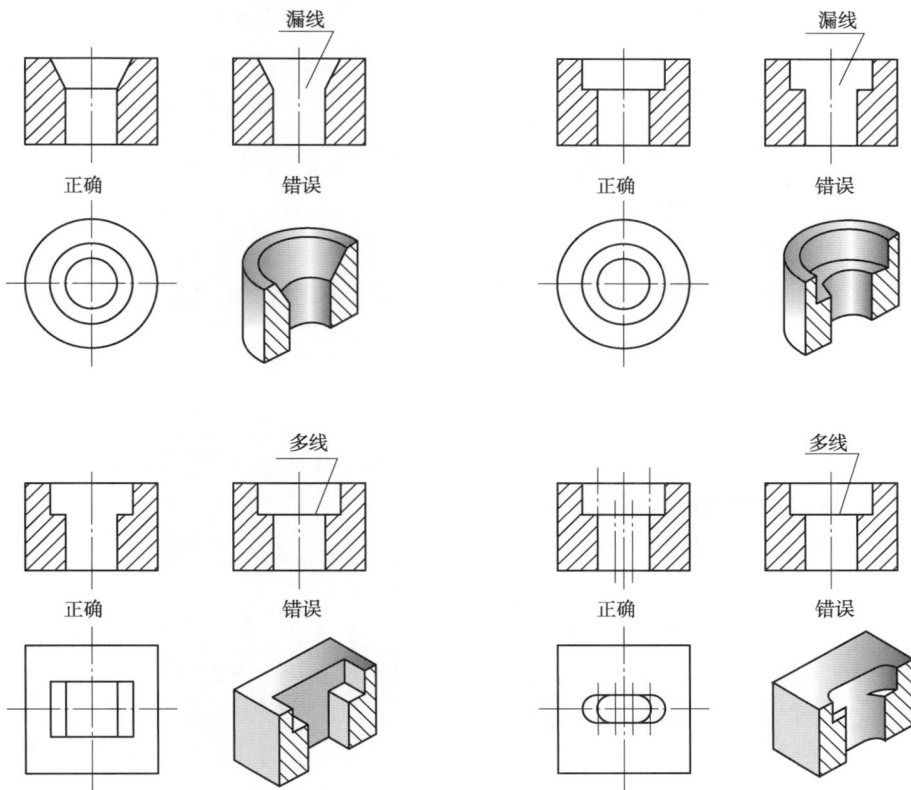

图 4-18 画剖视图时几种常见的漏线、多线现象

课题三 断 面 图

假想用剖切面将物体的某处切断,仅画出该剖切面与物体接触部分的图形,称为断面图,如图 4-19 所示,图 4-19a)显示断面位置,图 4-19b)为视图,图 4-19c)为断面图与剖视图的对比。

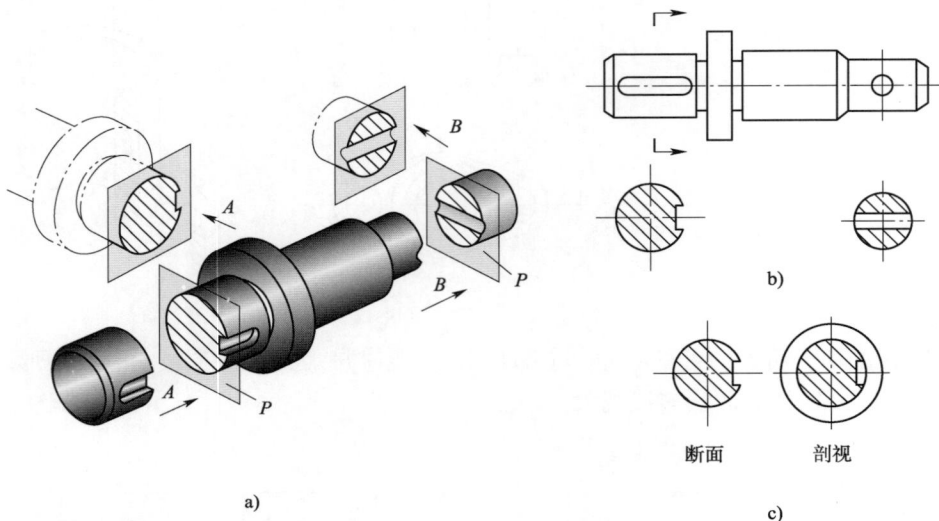

图 4-19　断面图

画断面图时,应特别注意断面图与剖视图的区别,断面图只画出物体被切处的断面形状。而剖视图除了画出物体断面形状之外,还应画出断面后的可见部分的投影,如图 4-19c)所示。

断面图通常用来表示物体上某一局部的断面形状。例如零件上的肋板、轮辐,轴上的键槽和孔等。

一　移出断面图

移出断面图的图形应画在视图之外,轮廓线用粗实线绘制,配置在剖切线的延长线上(图 4-20)或其他适当的位置。

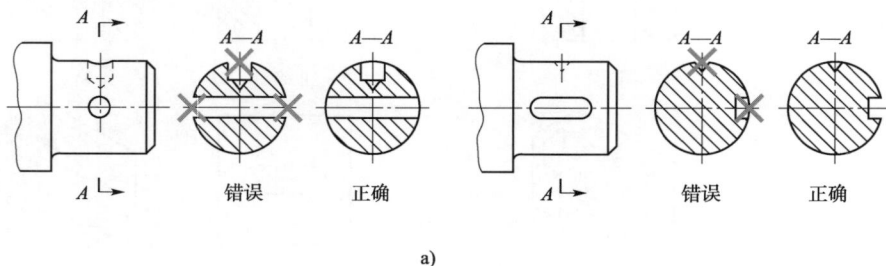

a)

图　4-20

b)

c)

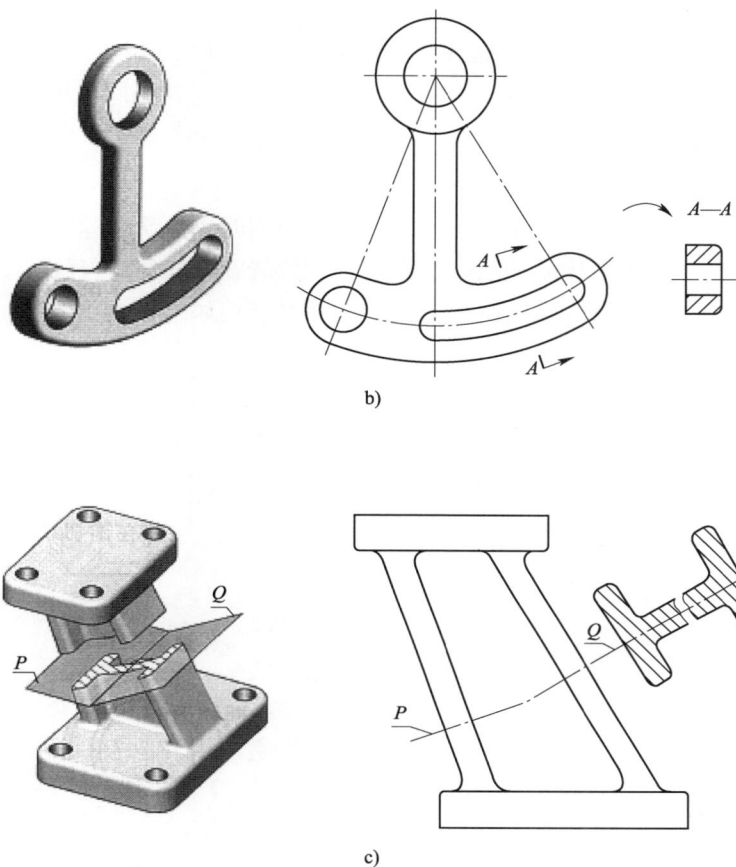

图 4-20　移出断面图

二 重合断面

断面图的图形画在视图之内称为重合断面,重合断面轮廓线用细实线绘制,可不必标注断面位置,如图 4-21 所示。

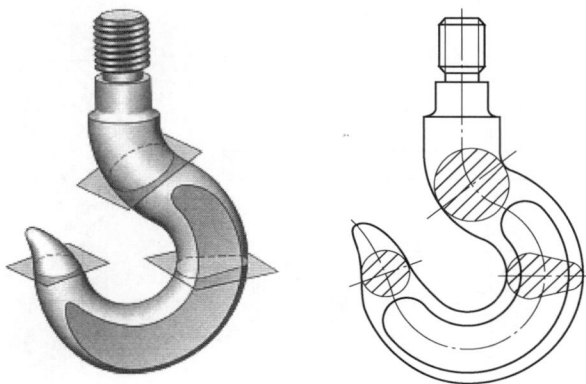

图 4-21　重合断面图

课题四 其他表示法

一 局部放大图

物体上有些细小结构,在视图中难以清晰地表达,同时也不便于标注尺寸。对这种细小结构,可用大于原图所采用的比例画出,并将它们放置在图样的适当位置。用这种方法画出的图形称为局部放大图,放大图一般要标注放大比例,如图 4-22 所示。

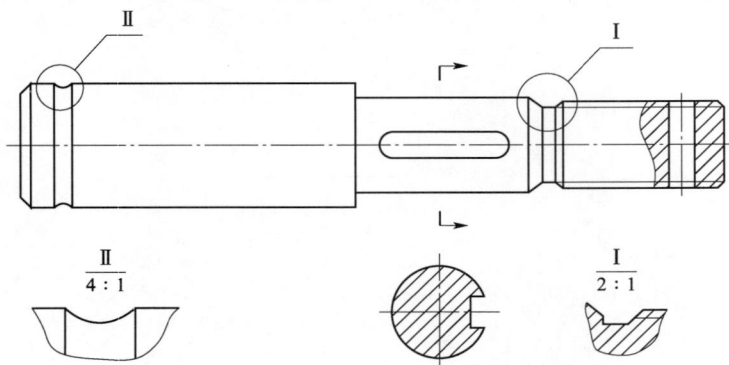

图 4-22 局部放大图

二 简化画法

❶ 肋、轮辐、孔等结构剖切时的简化画法

机件上肋、轮辐及薄壁等,如按纵向剖切按不剖绘制(不画剖面线),而用粗实线将它与其邻接部分分开;如按横向剖切,则应画出剖面线(图 4-23)。

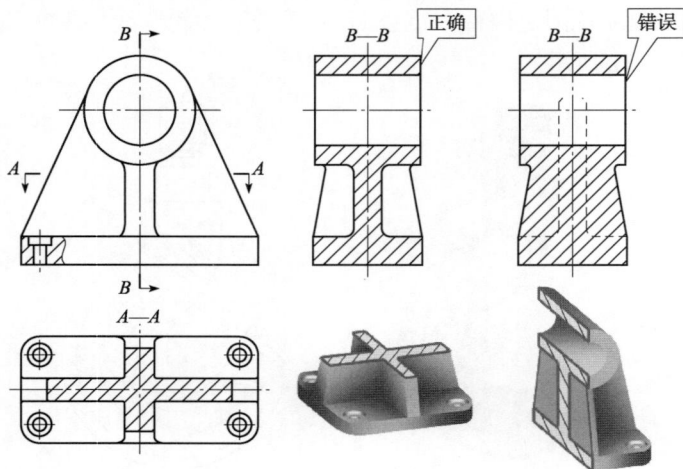

图 4-23 肋、轮辐、孔等结构剖切时的简化画法

当零件回转体上均匀分布肋、轮辐、孔等结构不处于剖切平面上时,可将这些结构旋转到剖切平面上画出,且对均布孔只需详细画出一个,其余只需用细点画线表示其中心位置,如图4-24所示。

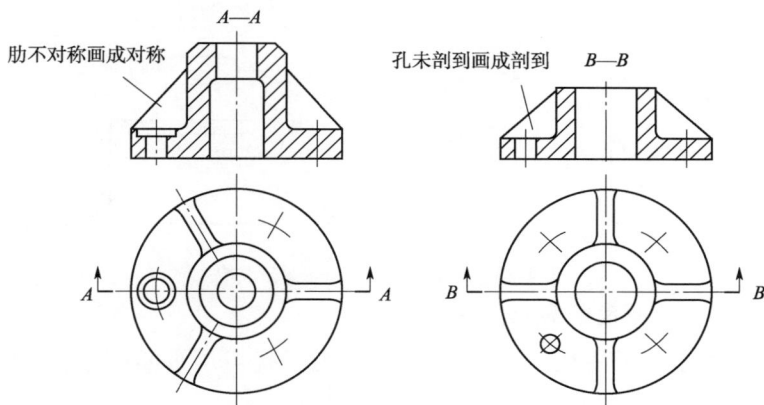

图4-24 回转体上均布孔的简化画法

2 相同结构要素的简化画法

对于机件上成规律分布的相同结构要素(如齿、槽、孔等),可以只画出一个或几个完整的结构,其余可用细实线连接或仅画出它们的中心位置,如图4-25所示。

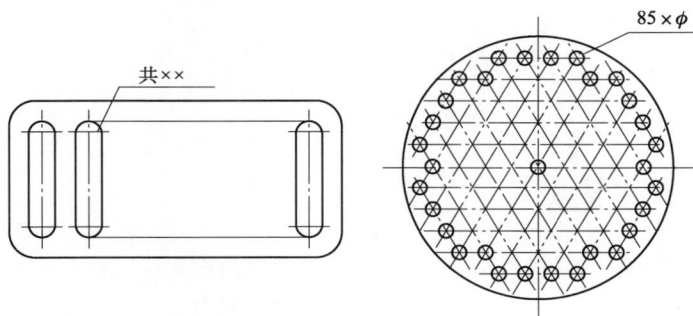

图4-25 相同结构要素的简化画法

3 较长机件的断开画法

较长机件(如轴、杆等)沿长度方向的形状一致或按一定规律分布时,可以断开后缩短绘制,如图4-26所示。

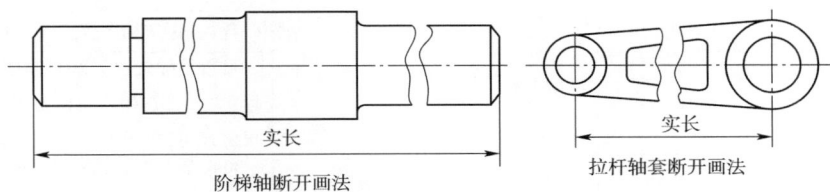

图4-26 较长机件的断开画法

4 圆柱体上孔、键槽的表示方法

圆柱体上因钻小孔、铣键槽等出现的交线允许省略,但必须有其他视图清楚地表示了孔、槽的形状,如图 4-27 所示。

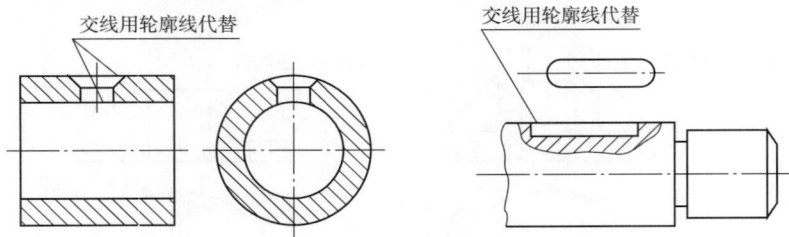

图 4-27 圆柱体上孔、键槽的表示方法

5 回转体零件上平面的表示方法

当回转体零件上的平面在图形中不能充分表达时,可用平面符号(两条相交的细实线)表示,如图 4-28 所示。

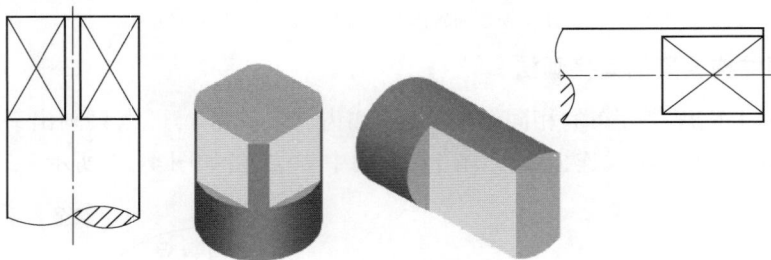

图 4-28 平面的表示方法

单元小结

本章着重介绍了视图、剖视图与断面图的画法和标注规定。对于这些图样画法,一方面,要弄清它们的基本概念,即它们是怎样剖切、怎样投射的,能熟练运用学过的投影原理和方法画出零件的视图;另一方面,要分清各种表达方法的应用范围,对具体情况作具体分析,目的是将零件的各个方向的内、外部形状准确地表达出来,并使作图简便。

(1)机械图样常用的表示法归纳见表 4-2。

机械图样常用的表示法   表 4-2

分　类		适 用 情 况	配 置 及 标 注
视图——主要用于表达物体的外部结构形状	基本视图	用于表达物体的外形	各视图按规定位置配置,不标注
	向视图		可自由配置,标注时应在视图的上方标注"×",在相应视图附近用箭头指明投射方向,并标注相同的字母
	局部视图	用于表达物体的局部外形	可按基本视图或向视图的配置形式配置并标注
	斜视图	用于表达物体倾斜部分的外形	按向视图的配置形式配置并标注

续上表

分　类		适 用 情 况	配 置 及 标 注
剖视图——主要用于表达物体的内部结构形状	全剖视图	用于表达物体的整个内形（剖切面完全切开物体）	一般应在剖视图上方标注剖视图的名称"×—×"。在相应的视图上用剖切符号表示剖切位置和投射方向，并标注相同的字母； 当单一剖切平面通过物体的对称平面，按投影关系配置且中间又无其他图形隔开时，可省略标注
	半剖视图	用于表达物体有对称平面的外形与内形（以对称线分界）	
	局部剖视图	用于表达物体的局部内形（局部地剖切）	
断面图——主要用于表达物体断面的形状	移出断面图	用于表达物体断面形状	配置在剖切线或剖切符号的延长线上时： 断面为对称——不标注； 断面不对称——画剖切符号（含箭头）； 移位配置时： 断面为对称——画剖切符号（省箭头）、注字母； 断面不对称——不按投影关系配置时，画剖切符号（含箭头），注字母；按投影关系配置时，画剖切符号，注字母，省略箭头
	重合断面图		一律不标注

　　（2）画图时，对物体结构要进行详细的形体分析，对表达方案的选择，应考虑看图方便，并在完整、清晰地表达物体各部分形状和结构的前提下，力求画图简便。

思考与练习

（一）选择题

1. 根据下图选择正确的左视图（　　）。

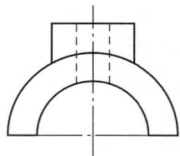

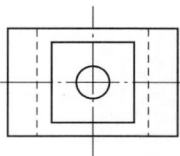

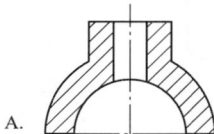

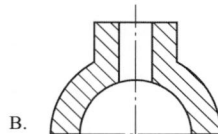

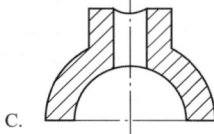

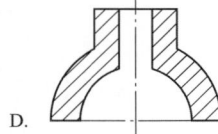

2.已知零件的主、俯视图, A—A 剖视图的正确画法是图( )。

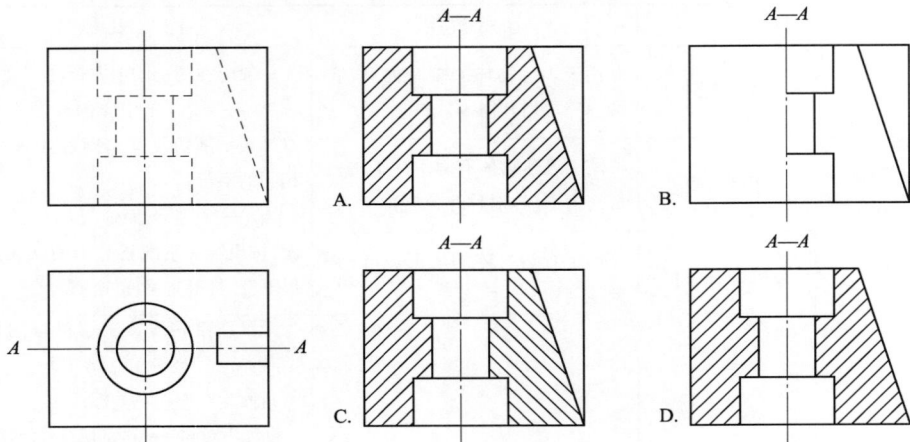

A.

B.

C.

D.

3.下面正确的断面图是( )。

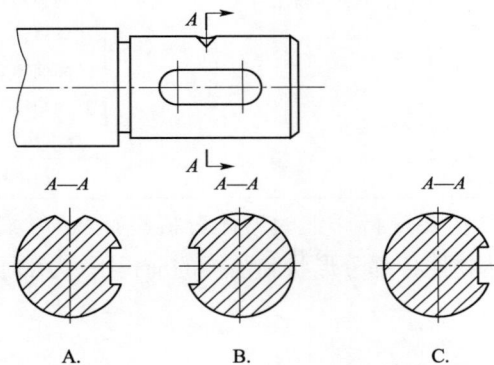

A.　　　　　　　B.　　　　　　　C.

(二)画图练习

1.将机件的主视图改画成半剖视图(在指定位置上画)。

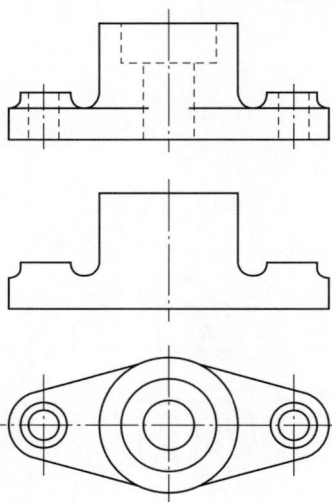

2. 将机件的主视图改画成全剖视图(在指定位置上画)。

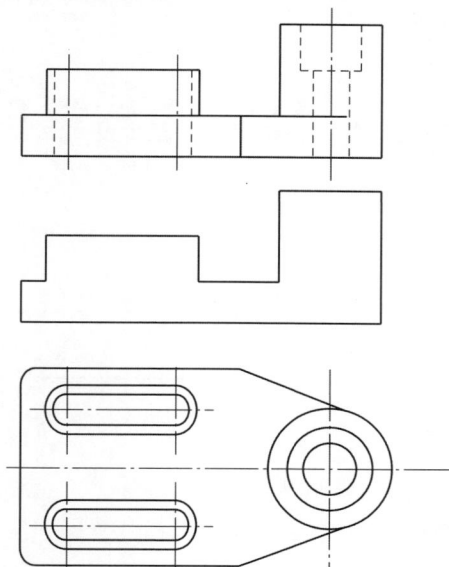

单元五　标准件与常用件

学习目标

1. 了解标准件与常用件的概念；
2. 掌握螺纹的形成，画法和标注；
3. 熟悉键连接、销连接、齿轮和滚动轴承的规定。

建议课时

6 课时。

标准件：就是国家标准将其形式、结构、材料、尺寸、精度及画法等均予以标准化的零件。如螺栓、双头螺柱、螺钉、螺母、垫圈、键、销、轴承等，由专门厂家进行大批量生产。

常用件：国家标准对其部分结构及尺寸参数进行了标准化的零件，如齿轮、弹簧等。

课题一　螺纹及螺纹紧固件

一　螺纹的形成

在圆柱(或圆锥)表面上，沿着螺旋线所形成的具有规定牙型的连续凸起，称为螺纹。螺纹是日常生活和工业生产中常见的结构和零件，不少零件的表面上都制有螺纹，如管道连接需要螺纹，汽车轮毂的连接需要螺纹等。加工在零件外表面上的螺纹称为外螺纹，加工在零件内表面上的螺纹称为内螺纹，如图5-1所示。

二　螺纹的基本要素

1 牙型

用通过螺纹轴线的平面剖开螺纹，所得剖面形状称为螺纹牙型。螺纹的牙型有三角形、梯形、锯齿形和矩形等,常见的是三角形(图 5-2)。

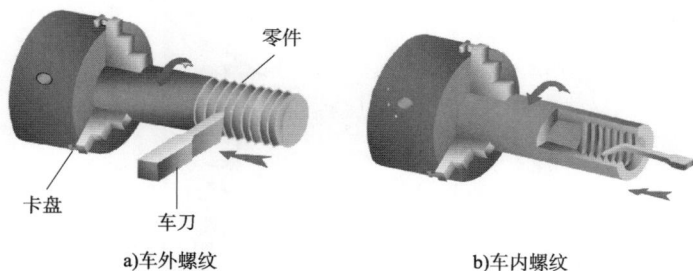

a)车外螺纹　　　　　　　　　　　　b)车内螺纹

图 5-1　螺纹加工

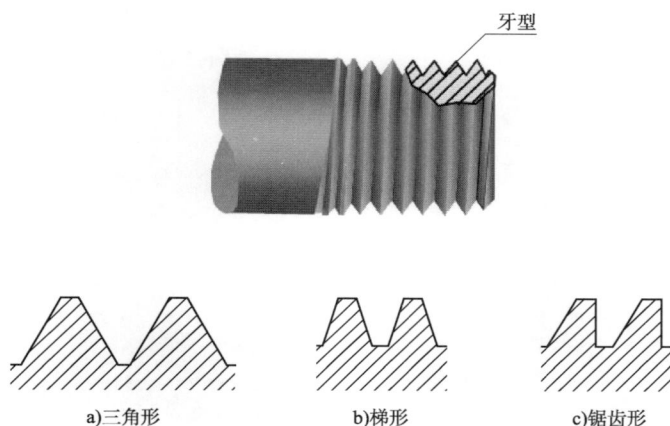

a)三角形　　　　　　b)梯形　　　　　　c)锯齿形

图 5-2　螺纹牙型

2 螺纹直径(图 5-3)

大径:与外螺纹牙顶或内螺纹牙底相切的假想圆柱直径,用 d(外螺纹)或 D(内螺纹)表示。

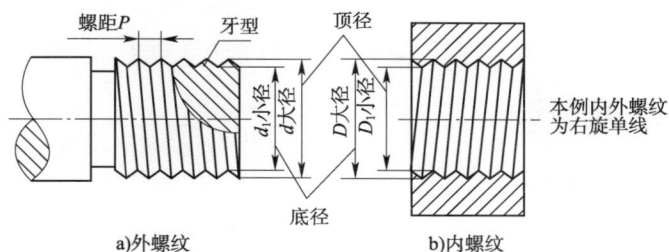

a)外螺纹　　　　　　　　　　　　b)内螺纹

图 5-3　螺纹各要素名称及代号

小径:与外螺纹牙底或内螺纹牙顶相切的假想圆柱直径,用 d_1(外螺纹)或 D_1(内螺纹)表示。

中径:在大径与小径圆柱之间有一假想圆柱,在其母线上牙型的沟槽和凸起宽度相等。此假想圆柱称为中径圆柱,其直径称为中径。它是控制螺纹精度的主要参数之一。用 d_2(外螺纹)或 D_2(内螺纹)表示。

3 旋向

螺纹分为左旋和右旋(图 5-4)。

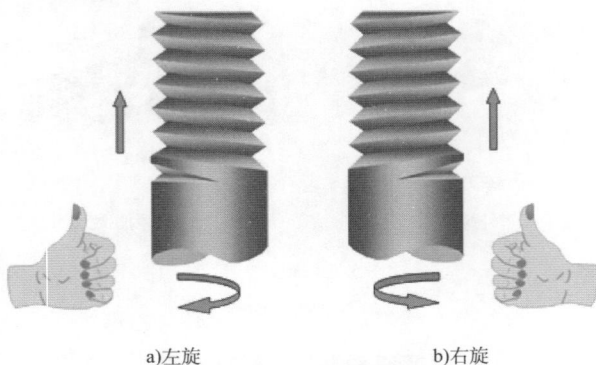

a)左旋　　　　　　　　　b)右旋

图 5-4　螺纹旋向

4 线数 n

螺纹有单线螺纹和多线螺纹之分(图 5-5)。

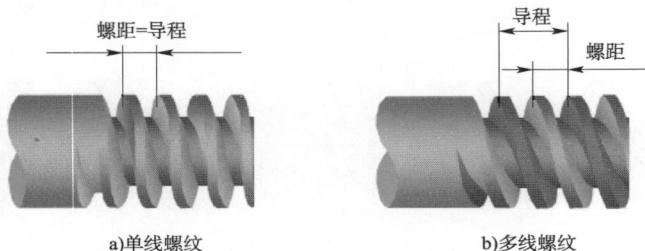

a)单线螺纹　　　　　　　　b)多线螺纹

图 5-5　单线螺纹和多线螺纹

5 螺距 P 和导程 Ph

同一条螺旋线上的相邻两牙在中径线上对应两点间的轴向距离称为导程,以 Ph 表示。相邻两牙在中径线上对应两点间的轴向距离称为螺距,以 P 表示。如图 5-5 所示,单线螺纹的导程等于螺距,既 $Ph = P$;多线螺纹的导程等于线数乘以螺距,即 $Ph = nP$。

三　螺纹的规定画法

1 外螺纹的画法(图 5-6)

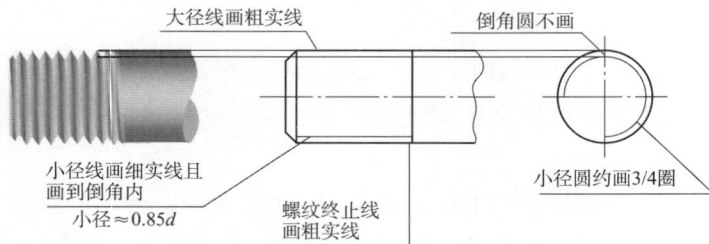

大径线画粗实线

倒角圆不画

小径线画细实线且画到倒角内

小径 $\approx 0.85d$

螺纹终止线画粗实线

小径圆约画3/4圈

图 5-6　外螺纹的画法

❷ 内螺纹的画法(图5-7)

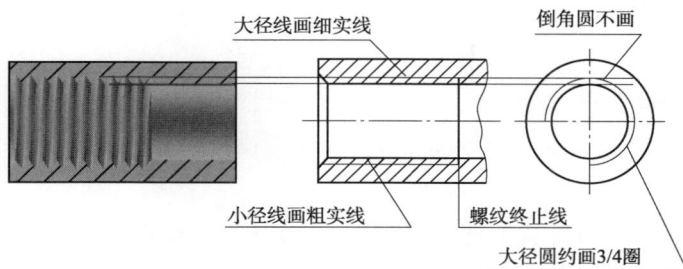

大径线画细实线
倒角圆不画
小径线画粗实线
螺纹终止线
大径圆约画3/4圈

图5-7 内螺纹的画法

❸ 内外螺纹连接的画法(图5-8)

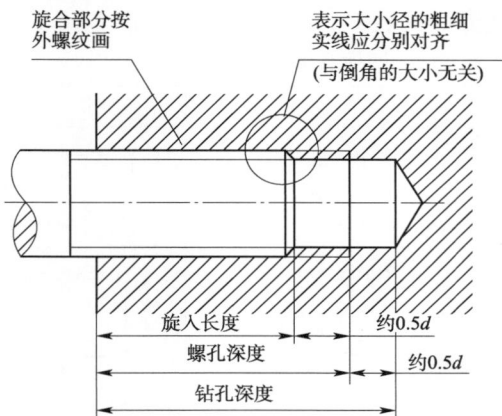

旋合部分按外螺纹画
表示大小径的粗细实线应分别对齐
(与倒角的大小无关)
旋入长度
约0.5d
螺孔深度
约0.5d
钻孔深度

图5-8 内外螺纹连接的画法

四 螺纹的种类和标注

❶ 螺纹的种类、代号和应用

(1)普通螺纹(M),牙型角60°,用于连接零件,有粗牙和细牙之分,细牙螺纹要标注螺距。

(2)非螺纹密封的管螺纹(G),牙型角55°,英制螺纹。常用于连接管道。

(3)梯形螺纹(Tr),牙型角30°,用于传递动力。

(4)锯齿形螺纹(B),用于单向传递动力。

❷ 螺纹的标注

(1)普通螺纹的标注和梯形螺纹的标注。

| 特征代号 | 公称直径 | × | 螺距或导程/线数 | 旋向 | — | 中径公差带代号 |

| 顶径公差带代号 | — | 旋入长度代号 |

说明:粗牙螺纹不标注螺距,细牙要标注螺距;右旋时不标注旋向,左旋要标注LH;中径、顶径公差带代号相同时,只需标注一个公差带代号,旋合长度分别为 L、N、S 三种,代

表长、中、短三组,其中中等旋合长度时,N 不用标注,也可以标注出实际长度。

(2)管螺纹的标注。

| 特征代号 | 尺寸代号 |

例如:解释下列螺纹标注的含义。

$$M10 \times 1LH\text{-}5g6g\text{-}L \quad Tr20 \times 14(7)LH\text{-}7e$$

解释:

$M10 \times 1LH\text{-}5g6g\text{-}L$:细牙普通螺纹、公称直径为 10mm,螺距为 1mm,左旋,中径公差带代号为 5g,顶径公差带代号为 6g,长旋合长度。

$Tr20 \times 14(7)LH\text{-}7e$:梯形外螺纹,公称直径为 20mm,导程为 14mm,(螺距为 7mm),右旋,中径、顶径公差带代号为 7e,中等旋合长度。

常见的标准螺纹标注方法见表 5-1。

标准螺纹的标注方法 表 5-1

螺纹类别	特征代号	标注示例	图 例	说 明
粗牙普通螺纹 GB 197—1981	M	M 10 —6g 公差带代号 公称直径 螺纹特征代号	M10—6g	右旋不注旋向
细牙普通螺纹 GB 197—1981	M	M10 ×1 LH 旋向(左) 螺距 同上	M10×1LH	(1)注螺距 (2)左旋应注旋向
梯形螺纹 GB 5796.4—1986	Tr	Tr 32 ×12/2 LH 旋向(左) 导程/线数 公称直径 螺纹特征代号	Tr32×12/2LH	(1)多线螺距注成导程/线数的形式 (2)左旋应注旋向
锯齿形螺纹 GB/T 13576—1992	B	B 40 ×6 LH 旋向(左) 螺距 公称直径 螺纹特征代号	B40×6LH	单线注螺距
非螺纹密封的圆柱管螺纹 GB 7307—1987	G	G 1 A 公差等级代号 公称直径 螺纹特征代号	G1A	右旋不注旋向
用螺纹密封的管螺纹 GB 7306—1987	R(圆锥外螺纹) R_c(圆锥内螺纹)	Rc 1/2 公称直径 螺纹特征代号	Rc1/2	

五 螺纹紧固件的画法及标注

1 常见螺纹紧固件

螺纹紧固件包括螺栓、螺柱、螺钉、螺母和垫圈等。它们的种类很多,其结构、形式、尺寸和技术要求都可以根据标记从国家标准中查得。常见螺纹紧固件画法及其标记见表 5-2。

常用螺纹紧固件及其标记　　　　　　　　　　表 5-2

名　称	标记示例	名　称	标记示例
六角头螺栓 C级	螺栓 GB/T 5780 M12×50	双头螺柱	螺柱 GB/T 897　AM 12×50
开槽锥端紧定螺钉	螺钉 GB/T 71 M6×20－14H	十字槽沉头螺钉	螺钉 GB/T 819.1 M10×45
开槽长圆柱端紧定螺钉	螺钉 GB/T 75M10×50－14H	1型六角螺母	螺母 GB/T 6170 M16
开槽圆柱头螺钉	螺钉 GB/T 65 M10×45	1型六角开槽螺母	螺母 GB/T 6178 M16
开槽盘头螺钉	螺钉 GB/T 67 M10×45	平垫圈 公称规格为16mm	垫圈 GB/T 97.1 16
开槽沉头螺钉	螺钉 GB/T 68 M10×50	标准型弹簧垫圈 规格为16mm	垫圈 GB/T 93 16

❷ 螺纹紧固件的装配画法

螺纹紧固件的基本连接形式有螺栓连接、双头螺柱连接和螺钉连接三种。

（1）螺栓连接（图 5-9）。

（2）双头螺柱连接（图 5-10）。

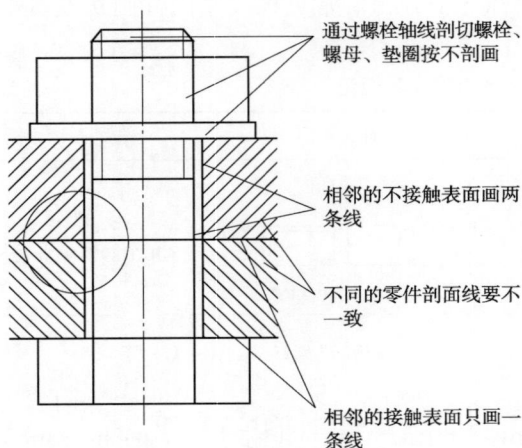

图 5-9　螺栓连接

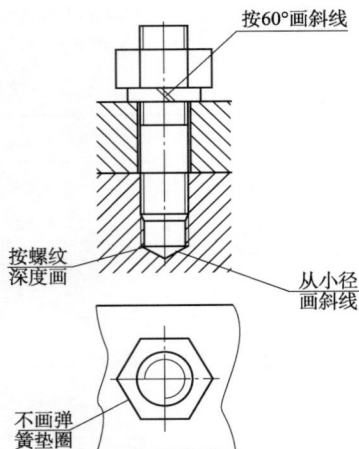

图 5-10　双头螺柱连接

（3）螺钉连接（图 5-11）。

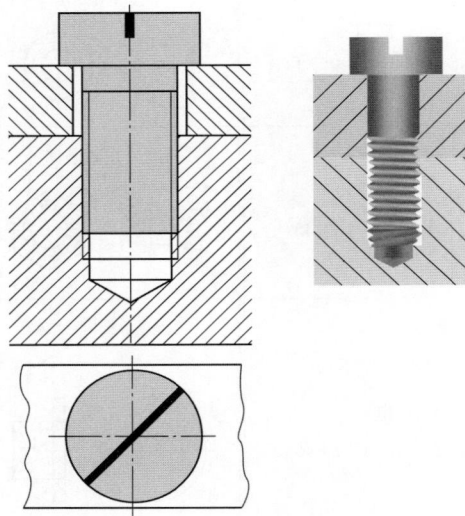

图 5-11　螺钉连接

课题二　键和销连接

键和销都是标准件，键连接与销连接是工程上常使用的可拆连接。

一　键连接

1　键的作用与种类

键通常用来连接轴和轴上的传动零件，如齿轮、皮带轮等，使轴和轮一起转动，起传递转矩的作用，如图 5-12 所示。常用的键有普通平键、半圆键和钩头楔键，如图 5-13 所示。

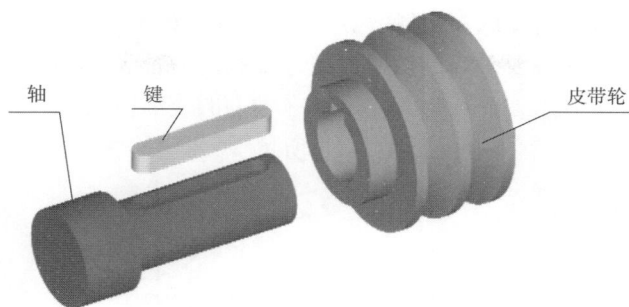

图 5-12　普通平键连接

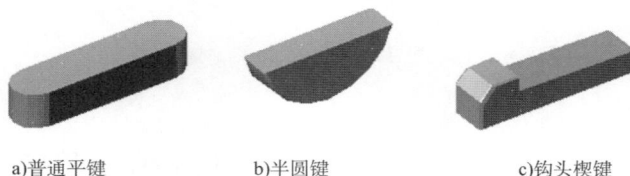

a)普通平键　　　　　　　b)半圆键　　　　　　　c)钩头楔键

图 5-13　键的种类

②常用键的形式和标记（表 5-3）

键的形式、标准、画法及标记　　　　　　　　　　表 5-3

名　称	标准编号	图　例	标 记 示 例
普通型平键	GB/T 1096—2003		$b=18$mm,$h=11$mm,$L=100$mm 的普通型平键（A 型）:GB/T 1096 键 $18\times11\times100$
			$b=18$mm,$h=11$mm,$L=100$mm 的普通型平键（B 型）:GB/T 1096 键 B18 $\times11\times100$
半圆键	GB/T 1099.1—2003		$b=6$mm,$h=10$mm,$D=25$mm 的半圆键:GB/T 1099.1 键 $6\times10\times25$
钩头楔键	GB/T 1565—2003		$b=18$mm,$h=11$mm,$L=100$mm 的钩头楔键:GB/T 1565 键 18×100

③常用键连接的画法

键和键槽的尺寸,根据轴的直径和键的类型,可从有关标准中查到。

普通平键和半圆键的侧面是工作面,在键连接画法中,两侧面应与轴和轮毂上的键槽侧面接触,其底面与轴上键槽底面接触,均应画一条线。键的顶面与轮毂上键槽的顶面之间有间隙,画图时画成两条线。当剖切平面通过轴和键的轴线时,根据画装配图时的规定画法,轴和键均按不剖画出,此时,为了表示键在轴上的装配情况,轴采用局部剖视。在装配图中,键的倒角或倒圆不必画出,如图5-14所示。

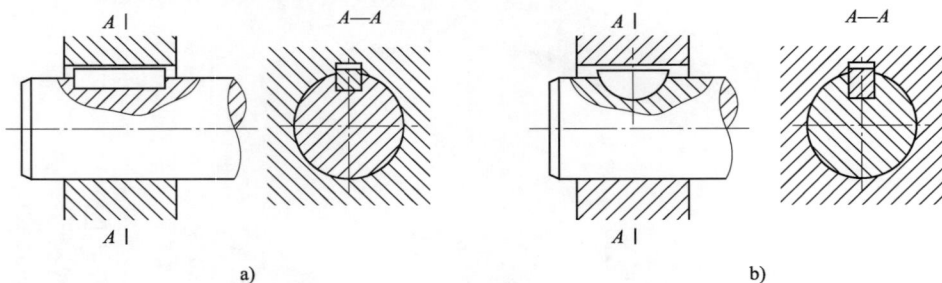

a)   b)

图 5-14 平键和半圆键连接的画法

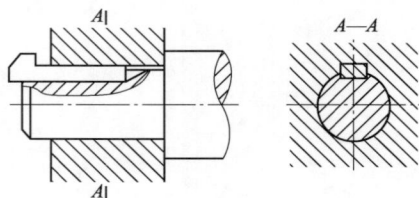

图 5-15 钩头楔键连接的画法

钩头楔键的顶面有 1∶100 的斜度,它是靠顶面与底面接触受力而传递转矩的,与键槽间没有间隙,只画一条线;两侧面与轮和轴上的键槽采用较为松动的间隙配合,由于公称尺寸相同,侧边只画一条线,如图5-15所示。

二 销连接

1 销的种类及标记

常见的销的类型:圆柱销、圆锥销和开口销。销的作用主要用于零件之间的连接和定位,通常用销连接或定位的两个零件,它们的销孔是一起加工的,图上应注明"配作"。开口销与槽形螺母配合使用,以防螺母松动。销的种类及标记见表5-4。

销的形式、标准、画法及标记   表5-4

名 称	标 准 号	图 例	标 记 示 例
圆柱销	GB/T 119.1—2000		公称直径 $d = 5$mm、公差带代号为 m6、公称长度 $l = 18$mm、材料为钢、不经淬火、不经表面处理的圆柱销: 销 GB/T 119.1 5m6×18
圆锥销	GB/T 117—2000		公称直径 $d = 10$mm、公称长度 $l = 60$mm、材料为 35 钢、热处理硬度为 28～38HBC、表面氧化处理的 A 型圆锥销: 销 GB/T 117 10×60
开口销	GB/T 91—2000		公称规格为 5mm、公称长度 $l = 50$mm、材料为 Q215 或 Q235、不经表面处理的开口销: 销 GB/T 91 5×50

2 销连接的画法

销连接的画法如图 5-16 所示,当剖切平面通过销的轴线时,销作不剖处理。

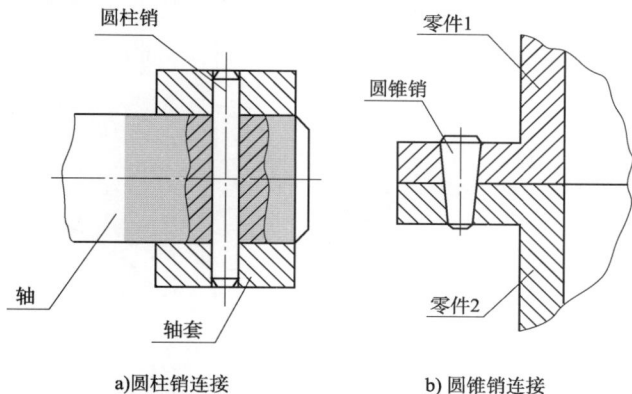

a)圆柱销连接   b)圆锥销连接

图 5-16 销连接的画法

课题三 齿 轮

齿轮是机械传动中的常用零件,通过一对齿轮啮合,可将一根轴的动力及旋转运动传递给另一根轴,也可以改变转速和旋转方向。根据传动轴的相对位置不同,齿轮可分为如下三大类(图 5-17):

(1)圆柱齿轮:用于平行轴之间的传动。

(2)锥齿轮:用于相交轴之间的传动。

(3)蜗轮蜗杆:用于交叉轴之间的传动。

a)圆柱齿轮   b)锥齿轮   c)蜗杆和蜗轮

图 5-17 齿轮传动类型

一 直齿圆柱齿轮的各部分名称及代号(图 5-18)

(1)齿数(z):齿轮上轮齿的个数。

(2)齿顶圆(直径 d_a):通过轮齿齿顶的圆。

(3)齿根圆(直径 d_f):通过轮齿齿根的圆。

(4)分度圆(直径 d):作为计算齿轮各部分尺寸的基准圆。

(5)齿顶高(h_a):分度圆到齿顶圆的径向距离。

(6)齿根高(h_f):分度圆到齿根圆的径向距离。

(7)齿高(h):齿顶圆到齿根圆的径向距离。

(8)齿距(p):在分度圆上,相邻两齿对应点的弧长。

(9)齿厚(s):在分度圆上,同一齿齿廓之间的弧长。

(10)模数(m):如果齿轮有 z 个齿,则其分度圆周长 $= \pi d = zp$,则 $d = (p/\pi)z$。

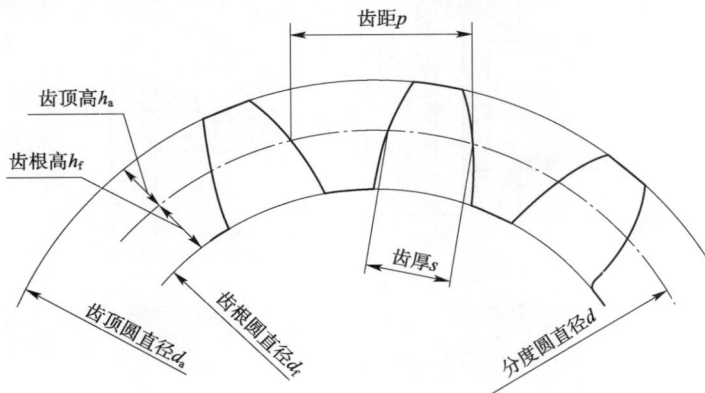

图 5-18　直齿圆柱齿轮的基本参数

令 $m = p/\pi$,则 $d = mz$。式中 m 称为齿轮的模数(单位为 mm),它是齿轮设计、制造的一个重要参数。模数越大,轮齿各部分尺寸也随之增大,轮齿上所承受的力也越大。其数值可以从国家标准中查阅。表 5-5 是部分标准直齿圆柱齿轮模数。

部分标准直齿圆柱齿轮模数(单位:mm)　　　　　　　　　　　　表 5-5

第一系列	1 1.25 1.5 2 2.5 3 4 5 6 8 10 12 16 20 25 32 40 50
第二系列	1.75 2.25 2.75 3.5 4.5 5.5 7 9 14 18 22 28 36 45

优先选用第一系列,其次选用第二系列。

二　直齿圆柱齿轮的基本参数的计算公式

由齿轮各部分的尺寸关系可知,当知道齿轮的齿数和模数后,齿轮的几何参数就确定了。直齿圆柱齿轮的基本参数的计算公式见表 5-6。

直齿圆柱齿轮的基本参数的计算公式　　　　　　　　　　　　表 5-6

名　称	代　号	参 数 计 算 公 式
模数	m	选用标准模数
齿数	z	
齿顶高	h_a	$h_a = m$
齿根高	h_f	$h_f = 1.25m$
齿高	h	$h = h_a + h_f = 2.25m$
分度圆直径	d	$d = mz$
齿顶圆直径	d_a	$d_a = d + 2h_a = m(z + 2)$
齿根圆直径	d_f	$d_f = d - 2h_f = m(z - 2.5)$
啮合齿轮的中心距	a	$a = (d_1 + d_2)/2 = m(z_1 + z_2)/2$
齿距	p	$p = \pi d/z$
啮合齿轮的传动比	i	$i_{12} = z_2/z_1$

三　圆柱齿轮的规定画法

❶ **单个齿轮的画法**(图5-19)

❷ **圆柱齿轮啮合的画法**(图5-20)

(1)在非圆投影的剖视图中,两轮节线重合,画点画线。齿根线画粗实线。

(2)齿顶线画法:一个轮齿为可见,画粗实线,一个轮齿被遮住,画虚线。

(3)在投影为圆的视图中,两轮节圆相切,齿顶圆画粗实线,齿根圆画细实线或省略不画。

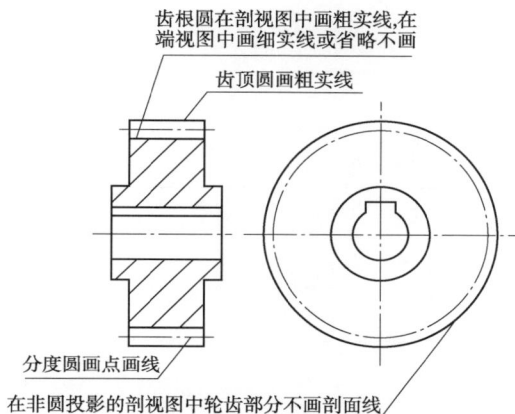

图5-19　单个齿轮的画法

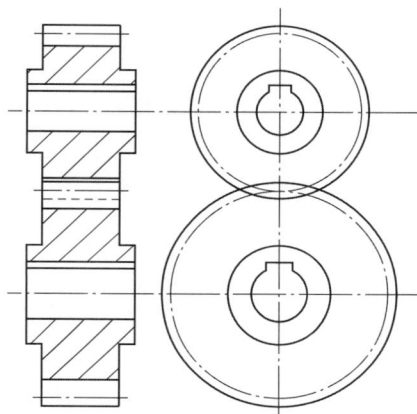

图5-20　圆柱齿轮啮合的画法

课题四　滚 动 轴 承

滚动轴承是支撑转动的轴及轴上零件,并保持轴的正常工作位置和旋转精度,它具有摩擦力小,结构紧凑,使用维护方便,工作可靠,起动性能好,在中等速度下承载能力较强等特点,因此得到了广泛的应用。滚动轴承一般由内圈、滚动体、保持架、外圈等四部分组成,如图5-21所示。

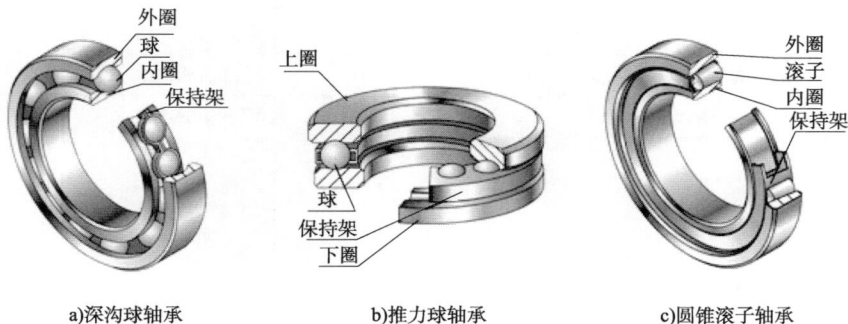

a)深沟球轴承　　b)推力球轴承　　c)圆锥滚子轴承

图5-21　滚动轴承的结构及类型

一 滚动轴承的基本代号

基本代号表示轴承的基本类型、结构和尺寸,是轴承代号的基础。除滚针轴承外,基本代号由轴承类型代号、尺寸系列代号及内径代号构成。其排列顺序见表5-7。

滚动轴承基本代号 表5-7

基 本 代 号			
类型代号	尺寸系列代号		内径代号
数字或字母	宽度系列代号	直径系列代号	两位数字
	一位数字	一位数字	

1 滚动轴承的内径代号(表5-8)

滚动轴承的内径代号(内径≥10mm) 表5-8

内径代号	00	01	02	03	04~99
轴承内径(mm)	10	12	15	17	数字×5
注:内径<10mm 和>495mm 的轴承内径代号另有规定。					

2 尺寸系列代号

轴承宽度系列代号指的是内径相同的轴承,对向心轴承配有不同的宽度尺寸系列。轴承的宽度系列代号有8、0、1、2、3、4、5、6,宽度尺寸依次递增。对推力轴承配有不同的高度尺寸系列,代号有7、9、1、2,高度尺寸依次递增。在 GB/T 272—1993 规定有些型号中,宽度系列代号被省略。轴承的直径系列代号和内径相同的轴承配有不同的外径尺寸系列,其代号有7、8、9、0、1、2、3、4、5,外径尺寸依次递增。

3 轴承的类型代号(表5-9)

轴承的类型代号 表5-9

代 号	轴 承 类 型	代 号	轴 承 类 型
0	双列角接触球轴承	N	圆柱滚子轴承
1	调心球轴承		双列或多列用字母 NN 表示
2	调心滚子轴承和推力调心滚子轴承	U	外球面球轴承
3	圆锥滚子轴承	QJ	四点接触球轴承
4	双列深沟球轴承		
5	推力球轴承		
6	深沟球轴承		
7	角接触球轴承		
8	推力圆柱滚子轴承		

轴承代号标记示例:

```
6   2   0   6
            └─ 内径代号(d=30mm)
        └───── 尺寸系列代号(宽度系列代号为0省略,直径系列代号为2)
    └───────── 类型代号(深沟球轴承)
```

```
3   0   3   1   2
                └─ 内径代号(d=60mm)
        └───────── 尺寸系列代号(宽度系列代号为0,直径系列代号为3)
    └───────────── 类型代号(圆锥滚子轴承)
```

```
5   1   3   1   0
                └─ 内径代号(d=50mm)
        └───────── 尺寸系列代号(宽度系列代号为1,直径系列代号为3)
    └───────────── 类型代号(推力球轴承)
```

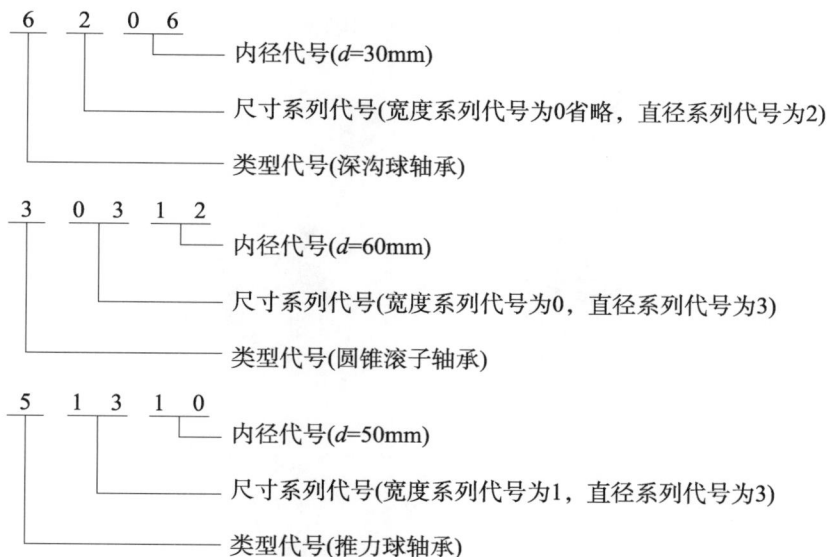

二　滚动轴承的规定画法

滚动轴承的画法有简化画法和规定画法两种。

1 简化画法

简化画法包括通用画法和特征画法,但在同一图样中一般只采用一种画法。在剖视图中,当不需要确切地表示滚动轴承的外形轮廓、载荷特性、结构特征时,可采用通用画法,即用矩形线框及位于线框中央正立的十字形符号来表示。十字形符号不应与矩形线框接触。通用画法应绘制在轴的两侧。在剖视图中,如需较形象地表示滚动轴承的结构特征,可采用特征画法,即在矩形线框内画出其结构要素符号表示结构特征。特征画法应绘制在轴的两侧。

用简化画法绘制滚动轴承时应注意以下两点:

(1)各种符号、矩形线框和轮廓线均用粗实线绘制。

(2)矩形线框或外形轮廓的大小应与滚动轴承的外形尺寸一致。

2 规定画法

在滚动轴承的产品图样、产品样本及说明书等图样中,可采用规定画法绘制。在装配图中,规定画法一般采用剖视图绘制在轴的一侧,另一侧按通用画法绘制。

采用规定画法绘制滚动轴承的剖视图时,其滚动体不画剖面线,其内外圈等可画成方向和间隔相同的剖面线。在不致引起误解时,也允许省略不画。

课题五　弹　簧

弹簧一般用在减振、夹紧、自动复位、测力和储存能量等方面,在汽车中广泛应用,如减振器中的减振弹簧。弹簧的种类很多,常用的有螺旋弹簧(图5-22)、涡卷弹簧和板弹簧。本节简单介绍机械中最常用的圆柱螺旋压缩弹簧的画法。

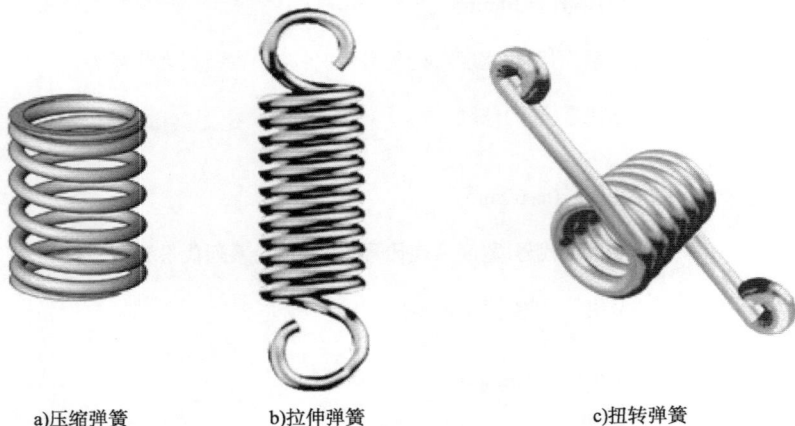

a)压缩弹簧   b)拉伸弹簧   c)扭转弹簧

图 5-22   螺旋弹簧

圆柱螺旋弹簧可画成视图、剖视图或示意图,如图 5-23 所示。

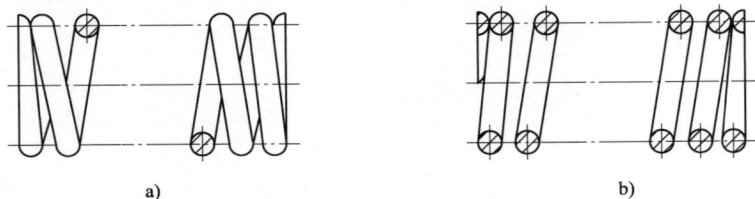

a)   b)

图 5-23   圆柱螺旋弹簧

读图时,应注意以下五点:

(1)圆柱螺旋弹簧在平行于轴线的投影面上的投影,其各圈的外形轮廓应画成直线。

(2)有效圈数在 4 圈以上的螺旋弹簧,允许每端只画两圈,中间部分可以省略不画,并允许适当缩短图形的长度。

(3)在装配图中,弹簧中间各圈采取省略画法后,弹簧后面被挡住的零件轮廓不必画出。

(4)在装配图中,螺旋弹簧被剖切时,如果弹簧丝直径在图形上等于或小于 2mm 时,可用涂黑表示,也可采用示意画法。

(5)螺旋弹簧有左旋弹簧和右旋弹簧,均可画成右旋,但左旋弹簧必须加注"LH"。

单元小结

本单元主要介绍了螺纹及紧固件、键、销、齿轮和滚动轴承的规定和简化画法。

❶ 画法

(1)螺纹的画法。无论是外螺纹还是内螺纹(画成剖视图时),螺纹的牙顶线用粗实线表示,牙底线用细实线表示,螺纹终止线用粗实线表示。

内外螺纹连接画成剖视图,旋合部分按外螺纹绘制,其余部分仍按各自螺纹绘制。此时,内外螺纹的大径和小径应对齐,螺纹的小径与螺杆的倒角大小无关,剖面线均应画到粗实线。

（2）齿轮的画法。齿顶圆和齿顶线用粗实线绘制,分度线和分度圆用细点画线绘制。齿根线和齿根圆用细实线绘制,也可省略不画。在剖视图中,齿根线用粗实线绘制。

（3）键和销的画法。均按国家标准中的规定画法绘制。

（4）滚动轴承的画法。滚动轴承的画法有简化画法和规定画法两种。由于滚动轴承是标准部件,因此在画图时不必绘制其零件图,在装配图上一般采用简化画法来绘制,绘制时应根据外径 D、内径 d、宽度 B 等几个主要尺寸按比例画出。

❷ 标注

（1）螺纹的标注。在螺纹的大径上标注出特征代号、公称直径、螺距、公差带代号和旋合长度代号、旋向。

（2）齿轮的标注。齿顶圆直径、分度圆直径及齿轮的有关公称尺寸要直接注出。其他各主要参数如模数、齿数、齿形角和精度等级要在图样右上角参数表中说明。

螺纹紧固件、键、销和滚动轴承是标准件。在装配图的明细栏中,只要标注出它们的标记就可以在有关标准中查出其结构形式、规格、尺寸等,一般不画其零件图。

思考与练习

（一）填空题

1.螺纹的五要素是_____、_____、_____、_____和_____。

2.外螺纹的规定画法是大径用_____表示,小径用_____表示,螺纹终止线用_____表示。

3.螺纹连接的基本类型有_____、_____和_____。

4.常用的螺纹紧固件有_____、_____、_____、_____和_____。

5.常用销的种类有_____、_____和_____。

6.常用键的种类有_____、_____和_____。

（二）简答题

1.在装配图中,画螺纹紧固件应注意哪些事项?

2.单个齿轮与啮合齿轮的规定画法是什么?

3.滚动轴承代号 6210 的含义是什么?

单元六 零件图

零件是机器或部件的基本组成单元。

任何一台机器或一个部件都是由若干零件按一定的装配关系和使用要求装配而成的,制造机器必须首先制造零件。零件图就是直接指导制造和检验零件的图样,是零件生产中的重要技术文件。图 6-1 所示为端盖的零件图,从图 6-1 可以看出,零件图应由图形、尺寸、技术要求和标题栏组成。

❶ 一组图形

用必要的视图、剖视图、断面图及其他规定画法,正确、完整、清晰地表达零件各部分的结构和内外形状。

❷ 完整的尺寸

正确、完整、清晰、合理地标注零件制造、检验时所需要的全部尺寸。

❸ 技术要求

用规定的代号、符号或文字说明零件在制造、检验和装配过程中应达到的各项技术要求,如表面粗糙度、尺寸公差、形位公差、热处理等各项要求。

❹ 标题栏

说明零件的名称、材料、图号、比例及图样的责任者签字等。

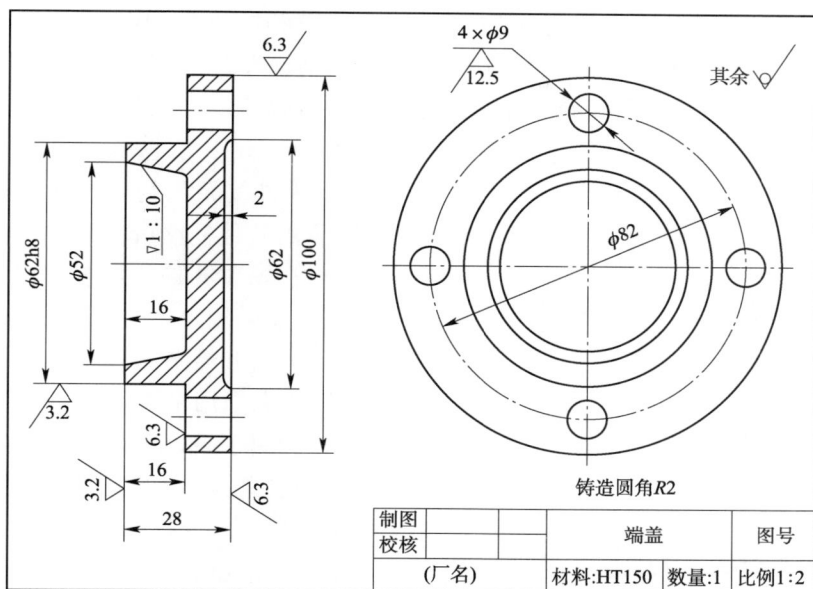

图 6-1 端盖的零件图

零件的结构形状、尺寸和技术要求等方面主要取决于它在机器或部件中的作用和与相关零件间的装配、连接关系。了解这些内容和常识对正确识读理解图样上的各项要求和尺寸标注及零件的表达方案具有重要意义。

课题一 零件图的视图

确定零件图合理的表达方案,主要考虑两点,即主视图和其他视图的选择。

主视图是一组视图的核心,主视图的投射方向,应符合最能表达零件各部分的形状特征。图 6-2 中箭头 K 所示方向的投影清楚地显示出该支座各部件形状、大小及相互位置关系。支座由圆筒、连接板、底板、支撑肋四部分组成,所选择的主视图投射方向 K 较其他方向(如 Q、R 向)更清楚地显示了零件的形状特征。因此,主视图的选择应尽量多地反映出零件各组成部分的结构特征及相互位置关系。并且尽量使主视图所表示的零件位置符合零件的加工位置(便于加工看图)或工作位置(便于想象零件在机器中的工作情况)。

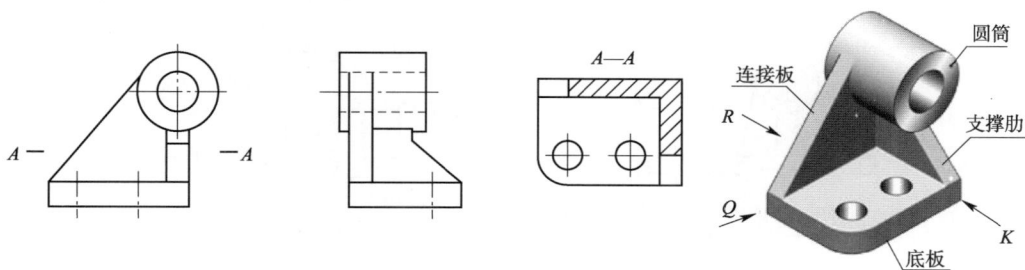

图 6-2 支座的主视图选择

一般情况下,仅有一个主视图是不能把零件的形状和结构表达完全的,还必须配合其他视图。因此,主视图确定后,要分析还有哪些形状结构没有表达完全,考虑选择适当的其他视图,如剖视图、断面图和局部视图等,将该零件表达清楚。

主视图确定后,其他视图的选择应遵循以下原则:

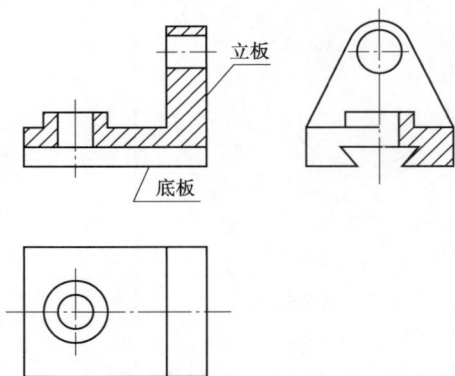

（1）根据零件复杂程度和内外结构特点,综合考虑所需要的其他视图,使每一个视图有一个表达的重点。视图数量的多少与零件的复杂程度有关,选用时尽量采用较少的视图,使表达方案简洁、合理,便于看图和绘图。

（2）优先考虑采用基本视图,在基本视图上作剖视图,并尽可能按投影关系配置各视图。如图 6-3 所示,带孔的立板和底板下部的燕尾槽形状以及相对位置,可用左视图表达;底板和凸台的形状、位置,可用俯视图表达。为了将孔和槽表达清楚,主视图采用全剖视,左视图采用半剖视。

图 6-3　其他视图的选择

总之,确定零件的主视图及整体表达方案,应灵活地运用上述各原则。从实际出发,根据具体情况全面地加以分析、比较,使零件的表达符合正确、完整、清晰而又简洁的要求。

课题二　零件图的尺寸标注

零件图的尺寸标注要正确、完整、清晰、合理。还要考虑尺寸标注的合理性。既要符合设计使用要求,又要满足工艺生产要求,便于零件的加工和检查。

一　尺寸标注的合理性

（1）合理选择尺寸基准。

零件长、宽、高方向至少要有一个基准,一般为零件的底面、端面、对称面或主要的轴线等,如图 6-4 所示。

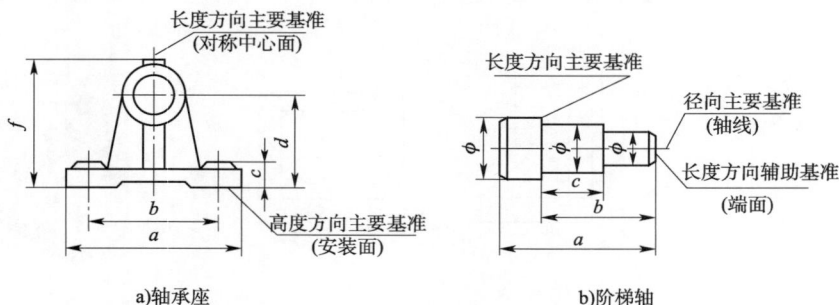

a)轴承座　　　　　　　　　　b)阶梯轴

图 6-4　合理选择尺寸基准

为了加工测量上的需要,除主要基准外,还可以设辅助基准,如图 6-5 所示的工艺基准,轴承座顶部凸台上螺孔的深度则是以顶面为辅助基准注出。

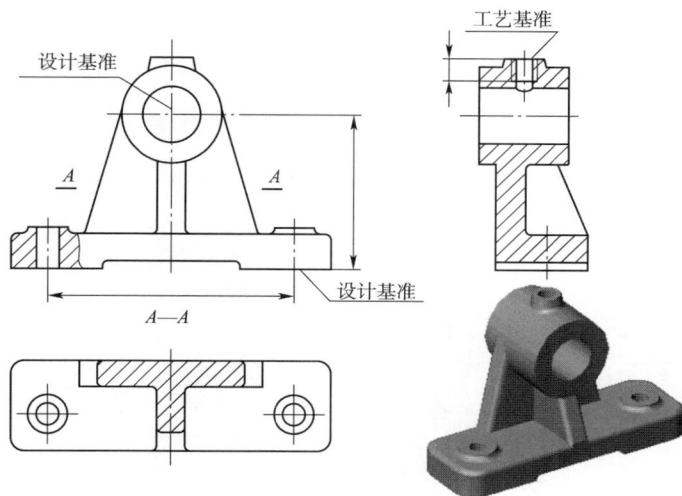

图 6-5　辅助基准

(2)主要尺寸(设计、测量、装配尺寸)要从基准直接标注。

主要尺寸是指直接影响零件的工作性能和位置关系的尺寸,如图 6-6 所示,图 6-6a)中,中心高尺寸 a 和安装孔中心距尺寸 l 要直接标注,如标注成图 6-6b)上的尺寸 c 和 e 是错误的。

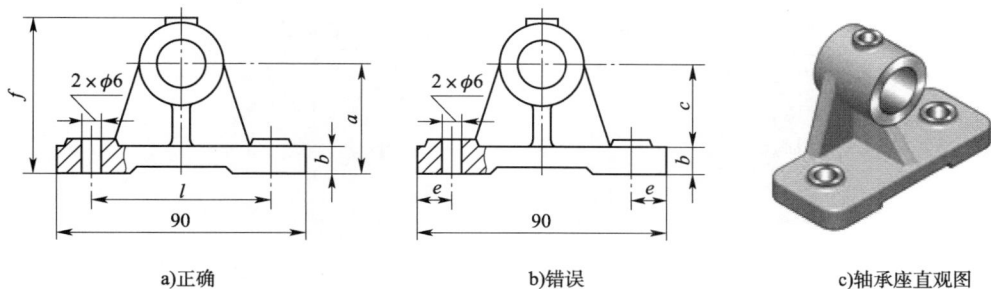

a)正确　　　　　　　　　　b)错误　　　　　　　　c)轴承座直观图

图 6-6　主要尺寸标注

(3)避免注成封闭尺寸链。

尺寸标注时要避免注成封闭尺寸(指尺寸线首尾连接,绕成一整圈的一组尺寸)。因这种标注不能保证每一段尺寸的精度,应将其中一段不重要的尺寸空出不标注,如图 6-7所示。

(4)按加工顺序,从工艺基准出发标注尺寸,如图 6-8 所示。

(5)尺寸应便于加工和测量,如图 6-9 所示。

二　零件上常见结构的尺寸标注

零件上一些常见结构如螺孔、光孔、沉孔等尺寸标注,常采用简化标注,见表 6-1。

a)错误　　　　　　　　　　　　　　b)正确

图 6-7　尺寸链标注

a)合理　　　　　　　　　　　　　　b)不合理

加工顺序：

①车4×φ15退刀槽　　　　　　　　②车φ20外圆及倒角

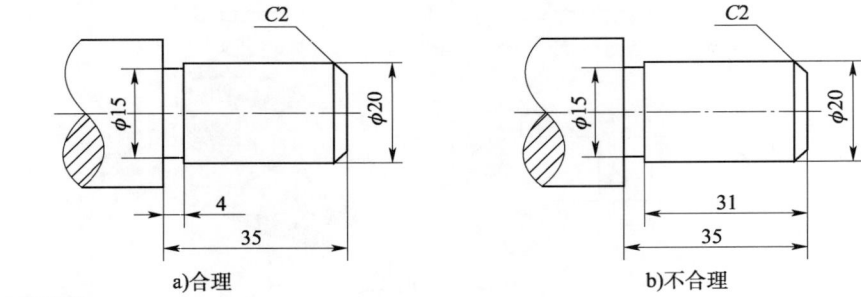

图 6-8　按工艺基准标注

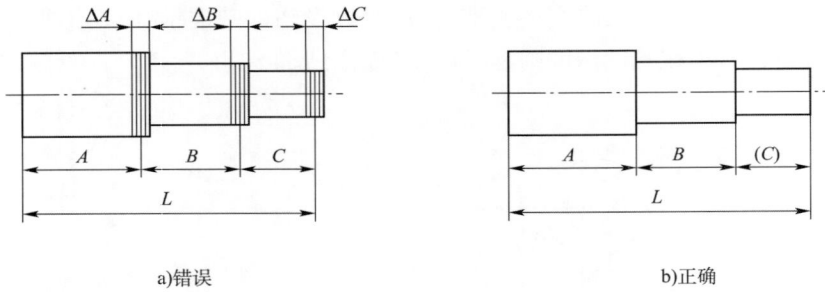

a)正确　　　　　　　　　　　　　　b)不正确

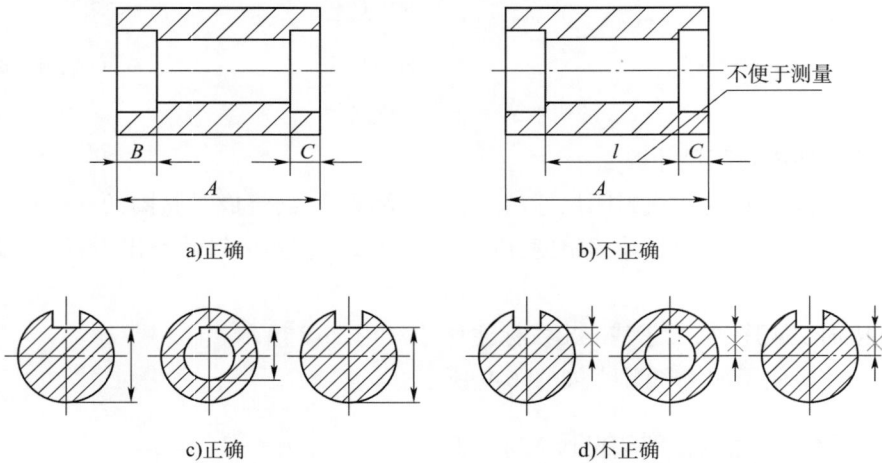

c)正确　　　　　　　　　　　　　　d)不正确

图 6-9　便于加工和测量的标注

常见结构尺寸标注 表 6-1

种 类	普 通 注 法	简 化 注 法	说 明
光孔	$4 \times \phi 4$ EQS, 10	$4 \times \phi 4 \underline{\underline{\vee}} 10$ EQS 或 $4 \times \phi 4 \underline{\underline{\vee}} 10$ EQS	4个光孔均布,孔深10,"$\overline{\underline{\vee}}$"为孔深符号,"EQS"为"均布"缩写词
螺孔	$3 \times M6-7H$, 10, 12	$3 \times M6-7H \overline{\underline{\vee}} 10$ 孔$\overline{\underline{\vee}} 12$ 或 $3 \times M6-7H \overline{\underline{\vee}} 10$ 孔$\overline{\underline{\vee}} 12$	3个螺孔,螺孔深10
埋头孔	90°, $\phi 13$, $6 \times \phi 7$	$6 \times \phi 7$ $\vee\phi 13 \times 90°$ 或 $6 \times \phi 7$ $\vee\phi 13 \times 90°$	"$\vee$"为埋头孔符号
沉孔	$\phi 13$, 5, $4 \times \phi 9$	$4 \times \phi 9$ $\sqcup\phi 13\overline{\underline{\vee}} 5$ 或 $4 \times \phi 9$ $\sqcup\phi 13\overline{\underline{\vee}} 5$	"$\sqcup$"为沉孔或锪平符号
锪平	$\phi 20$, $4 \times \phi 9$	$4 \times \phi 9$ $\sqcup\phi 20$ 或 $4 \times \phi 9$ $\sqcup\phi 20$	锪平只需到表面平整,其切入深度很小,无须注出
倒角	$15 \times 45°$	$C1.5$	45°倒角可按左图所示简化标注。符号 C 表示45°倒角,1.5 为倒角宽度
退刀槽	$2 \times \phi 8$	2×1	退刀槽可按"槽宽×槽径"或"槽宽×槽深"的形式标注

课题三 零件图的技术要求

由于零件图是指导零件生产的重要技术文件,因此,它除了有图形和尺寸外,还必须有制造和检验该零件时应该达到的一些质量要求,称为技术要求。

技术要求的主要内容包括:表面粗糙度、极限与配合、形状和位置公差等。这些内容凡有规定代号的,需用代号直接标注在图上,无规定代号的则用文字说明,一般书写在标题栏上方。

一 表面粗糙度

表面粗糙度是指加工后零件表面上具有的较小间距和峰谷所组成的微观几何特征,如图 6-10 所示。表面粗糙度的评定参数有多种,一般采用轮廓算术平均偏差——Ra,如图 6-11 所示,表面质量要求越高,Ra 值越小,加工成本也越高。

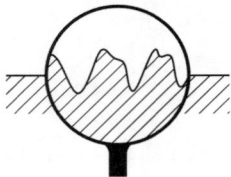

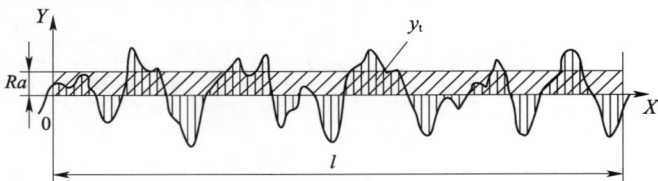

图 6-10 表面粗糙度   图 6-11 轮廓算术平均偏差

标注表面结构的图形符号、代号及其意义见表 6-2。

表面粗糙度符号及意义   表 6-2

代(符)号	表 达 的 意 义
∢	表示用不去除材料的方法达到表面粗糙度的要求
∨	表示用去除材料的方法达到表面粗糙度的要求
3.2	Ra 的最大允许值为 3.2μm,用去除材料的方法获得
3.2	Ra 的最大允许值为 3.2μm,用不去除材料的方法获得
3.2 1.6	Ra 的最大值为 3.2μm,最小值为 1.6μm,用去除材料的方法获得
抛光 0.2	Ra 的最大允许值为 0.2μm,用抛光的方法获得

二 极限与配合

1 公差和公差带

在生产制造中,零件上每个尺寸都必须标注公差值,以满足经济性和互换性要求。互换性是指一个零件可以代替另外一个零件,并能满足同样要求的能力。而零件的生产加工尺寸不可能绝对准确,必须给予一定合理范围,如图 6-12 所示,孔的直径为 $\phi50 \pm 0.008$。

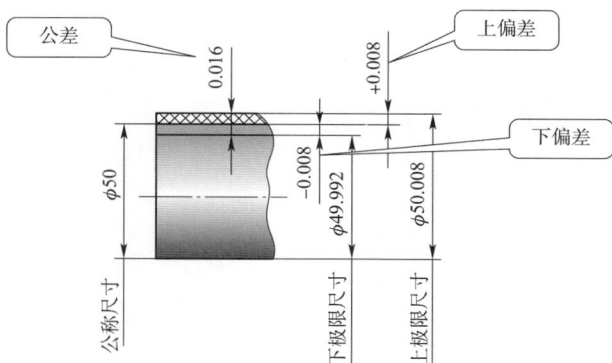

图 6-12 公差的基本术语

公称尺寸:设计确定的尺寸,如轴的公称尺寸为 $\phi50mm$。

上极限尺寸:允许的最大尺寸,如 $\phi50.008mm$。

下极限尺寸:允许的最小尺寸,如 $\phi49.992mm$。

上偏差:上极限尺寸 - 公称尺寸,如 $50.008mm - 50mm = 0.008mm$。

下偏差:下极限尺寸 - 公称尺寸,如 $49.992mm - 50mm = -0.008mm$。

尺寸公差:简称公差,允许尺寸的变动量。

$$上极限尺寸 - 下极限尺寸 = 上偏差 - 下偏差$$
$$= 0.008mm - (-0.008)mm = 0.016mm$$

实际尺寸:零件加工后实际测得尺寸,如实际尺寸在上下极限尺寸之间,为合格零件。

公差带:有代表上、下极限尺寸或代表上下偏差的两条直线所限定的区域,用公差带图表示,如图 6-13 所示。

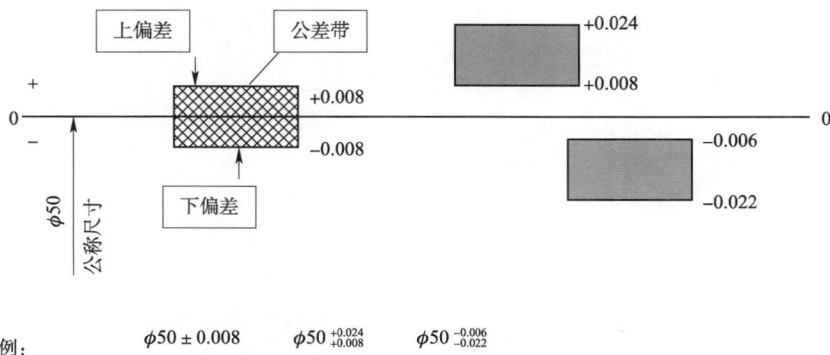

例: $\phi50 \pm 0.008$ $\phi50^{+0.024}_{+0.008}$ $\phi50^{-0.006}_{-0.022}$

图 6-13 公差带图

公差带图可以直观地表示出公差的大小及公差带相对于零线的位置。显然,公差带沿零线垂直方向的宽度反映了公差值的大小,公差值越小,零件尺寸的精度越高。

❷ 标准公差与基本偏差

标准公差的数值由公称尺寸和公差等级来决定,如图 6-14 所示。其中公差等级是确定尺寸精确程度的标记。标准公差分为 20 级，即 IT01，IT0，IT1，…，IT18。其尺寸精确程度从 IT01 至 IT18 依次降低。标准公差的具体数值见有关标准。

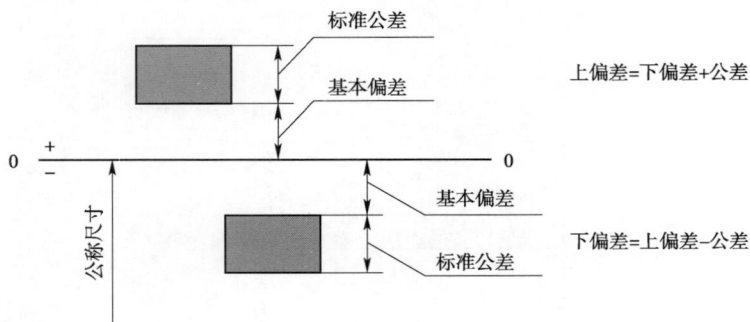

图 6-14　标注公差图

基本偏差是指在标准的极限与配合中，确定公差带相对零线位置的上偏差或下偏差，一般指靠近零线的那个偏差。当公差带在零线的上方时，基本偏差为下偏差；反之，则为上偏差。基本偏差共有 28 个，代号用拉丁字母表示，大写为孔，小写为轴，如图 6-15 所示。基本偏差和标准公差值的大小可以查国家标准。

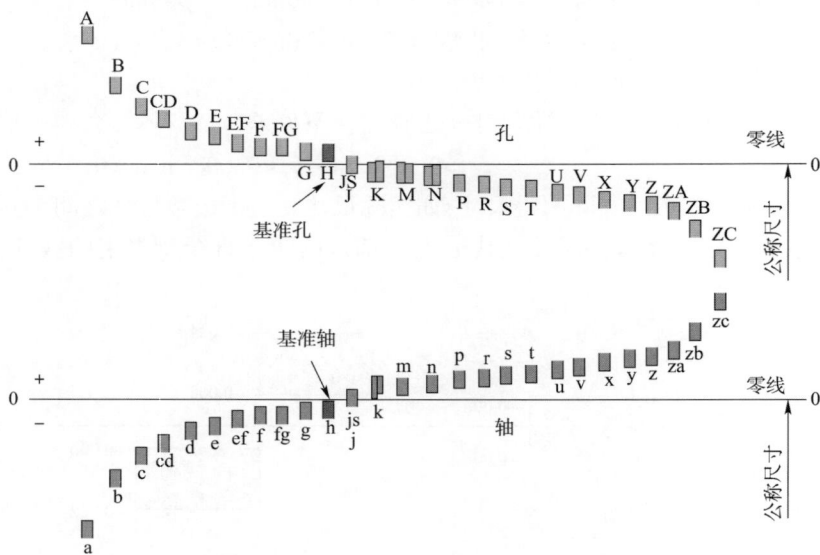

图 6-15　基本偏差图

$\phi40f7$——表示公称尺寸为 $\phi40$，基本偏差为 f，公差等级为 7 级的轴。

$\phi40H8$——表示公称尺寸为 $\phi40$，基本偏差为 H，公差等级为 8 级的孔。

③ 配合

（1）配合种类。

公称尺寸相同、相互结合的孔和轴公差带之间的关系称为配合，如图 6-16 所示。

根据使用要求不同，配合有松有紧。孔的实际尺寸大于轴的实际尺寸，就会产生间隙;孔的实际尺寸小于轴的实际尺寸,就会产生过盈。因此,配合分为以下三种类型,如图 6-17 所示。

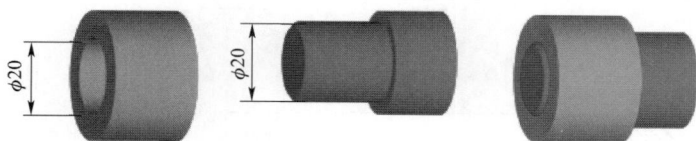

图 6-16 孔和轴配合

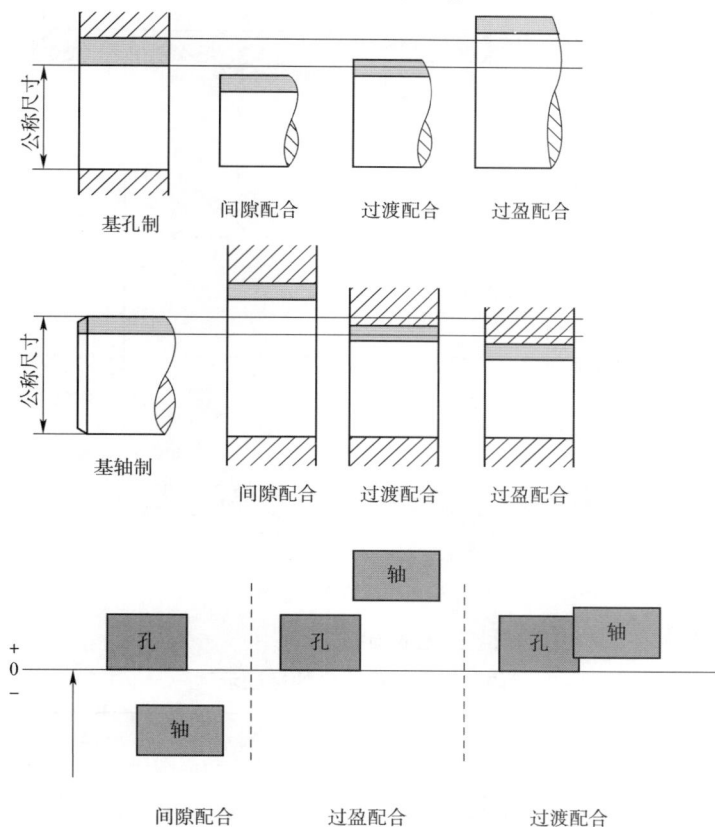

图 6-17 配合示意图

(2)配合制度。

公称尺寸确定以后,可以通过改变孔、轴的基本偏差以得到松紧不同的各种配合。太多的配合不利于设计和制造,为此,可将其中一个零件作为基准件,使其基本偏差不变,通过改变另一个零件的基本偏差达到松紧不同的各种配合。

基孔制——基本偏差为一定的孔的公差带,与不同的基本偏差的轴的公差带形成各种配合的一种制度。这时孔为基准孔,它的基本偏差代号为 H,下偏差为零。如图 6-18 所示。

基轴制——基本偏差为一定的轴的公差带,与不同基本偏差的孔的公差带形成各种配合的一种制度,这时轴为基准轴,它的基本偏差代号为 h,上偏差为零。如图 6-19 所示。

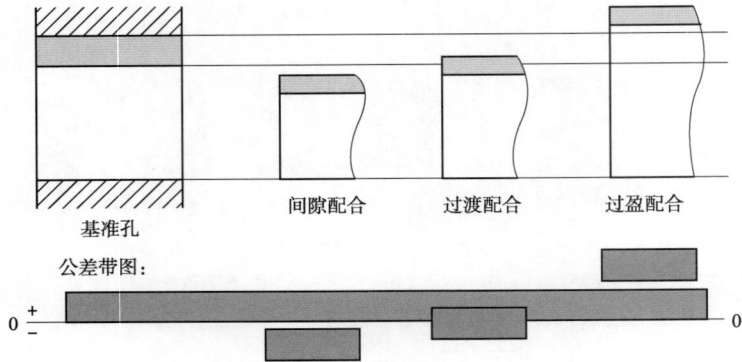

图 6-18　基孔制示意图

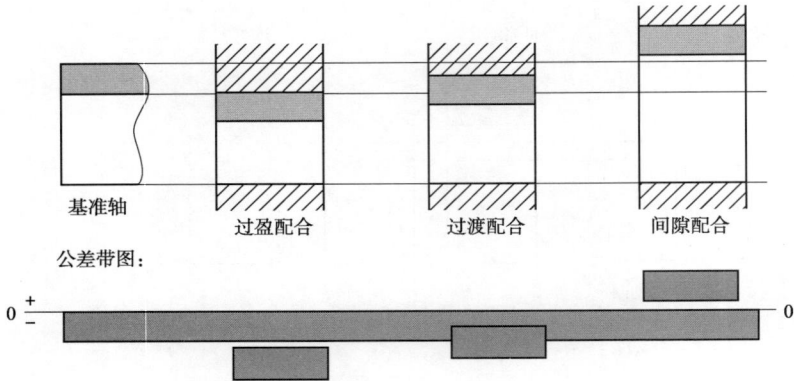

图 6-19　基轴制示意图

（3）极限与配合在图样中的标注，见表 6-3。

极限与配合在图样中的标注示例　　　　　　　　　　表 6-3

配　合　种　类		基　孔　制		基　轴　制	
在装配图上的注法		基孔制		基轴制	
在零件图上的注法	孔或轴	基准孔	轴	孔	基准轴
	标注代号				

孔或轴	基准孔	轴	孔	基准轴
在零件图上的注法 标注偏差值	$\phi50^{+0.039}_{0}$	$\phi50^{-0.025}_{-0.050}$	$\phi50^{-0.007}_{-0.018}$	$\phi50^{-0.016}_{0}$
标注代号及偏差值	$\phi50H8(^{+0.039}_{0})$	$\phi50f7(^{-0.025}_{-0.050})$	$\phi50K7(^{-0.007}_{-0.018})$	$\phi50h6(^{-0.016}_{0})$

三 形状与位置公差

任何零件都是由点、线、面构成的,这些点、线、面称为要素。机械加工后零件要素的实际形状或相互位置与理想几何体规定的形状和相互位置还不可避免地存在差异,这种形状上的差异就是形状公差,而相互位置的差异就是位置公差,统称为形位公差。

形位公差特征项目符号及其他附加符号见表6-4。

形位公差特征项目及符号 表6-4

类别	项目	符号	类别		项目	符号	类别	项目	符号
形状公差	直线度	—	位置公差	定向	平行度	//	其他有关符号	最大实体要求	Ⓜ
	平面度	▱			垂直度	⊥		延伸公差带	Ⓟ
	圆度	○			倾斜度	∠		包容要求 (单一要素)	Ⓔ
	圆柱度	⌭		定位	同轴(同心度)	◎		理论正确尺寸	50
形状或位置公差	线轮廓度	⌒			对称度	⹀			
					位置度	⊕		基准目标的标注	$\frac{\phi2}{A1}$
	面轮廓度	⌓		跳动	圆跳动	↗			
					全跳动	↗↗			

❶ 形位公差

(1)直线度。符号为一短横线(—),是限制实际直线对理想直线变动量的一项指标。它是针对直线发生不直而提出的要求。

(2)平面度。符号为一平行四边形(▱),是限制实际平面对理想平面变动量的一项指标。它是针对平面发生不平而提出的要求。

(3)圆度。符号为一圆(○),是限制实际圆对理想圆变动量的一项指标。它是对具有圆柱面(包括圆锥面、球面)的零件,在一正截面(与轴线垂直的面)内的圆形轮廓要求。

(4)圆柱度。符号为两斜线中间夹一圆(⌭),是限制实际圆柱面对理想圆柱面变动量的一项指标。它控制了圆柱体横截面和轴截面内的各项形状误差,如圆度、素线直线度、轴线直线度等。圆柱度是圆柱体各项形状误差的综合指标。

(5)线轮廓度。符号为一上凸的曲线(⌒),是限制实际曲线对理想曲线变动量的一项指标。它是对非圆曲线的形状精度要求。

(6)面轮廓度。符号为上面为一半圆下面加一横(⌓),是限制实际曲面对理想曲面变动量的一项指标,它是对曲面的形状精度要求。

❷ 定向公差

(1)平行度(∥)用来控制零件上被测要素(平面或直线)相对于基准要素(平面或直线)的方向偏离0°的要求,即要求被测要素对基准等距。

(2)垂直度(⊥)。用来控制零件上被测要素(平面或直线)相对于基准要素(平面或直线)的方向偏离90°的要求,即要求被测要素对基准成90°。

(3)倾斜度(∠)。用来控制零件上被测要素(平面或直线)相对于基准要素(平面或直线)的方向偏离某一给定角度(0°~90°)的程度,即要求被测要素对基准成一定角度(除90°外)。

❸ 定位公差

(1)同轴度(◎)。用来控制理论上应该同轴的被测轴线与基准轴线的不同轴程度。

(2)对称度。符号是中间一横长的三条横线(≡),一般用来控制理论上要求共面的被测要素(中心平面、中心线或轴线)与基准要素(中心平面、中心线或轴线)的不重合程度。

(3)位置度。符号是带互相垂直的两直线的圆(⊕),用来控制被测实际要素相对于其理想位置的变动量,其理想位置由基准和理论正确尺寸确定。

❹ 跳动公差

(1)圆跳动。符号为一带箭头的斜线(↗),圆跳动是被测实际要素绕基准轴线作无轴向移动、回转一周中,由位置固定的指示器在给定方向上测得的最大与最小读数之差。

(2)全跳动。符号为两带箭头的斜线(↗↗),全跳动是被测实际要素绕基准轴线作无轴向移动的连续回转,同时指示器沿理想素线连续移动,由指示器在给定方向上测得的最大与最小读数之差。

❺ 形位公差在图样上的标注

在图样中,形位公差以框格的形式标注,并在框格中依次填写表示公差的符号、公差值或表示基准的字母等,如图6-20所示。

图6-20所示,图6-20a)表示轴的中心线有$\phi 0.05$mm的直线度形状公差要求;图6-20b)表示零件的30mm的上表面对20mm的上表面之间有0.06mm的平行度位置公差要求。

形位公差标注示例,如图6-21所示。

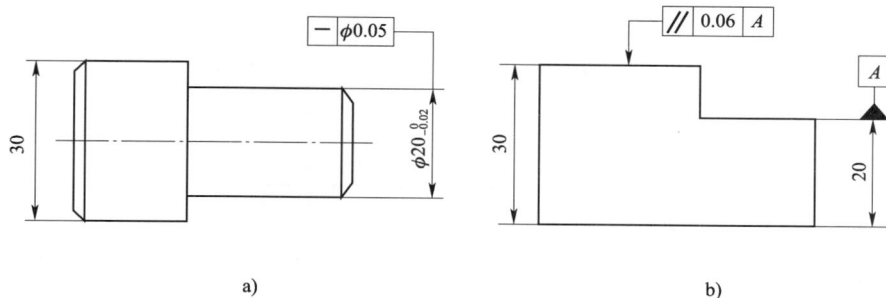

图 6-20 形位公差的标注

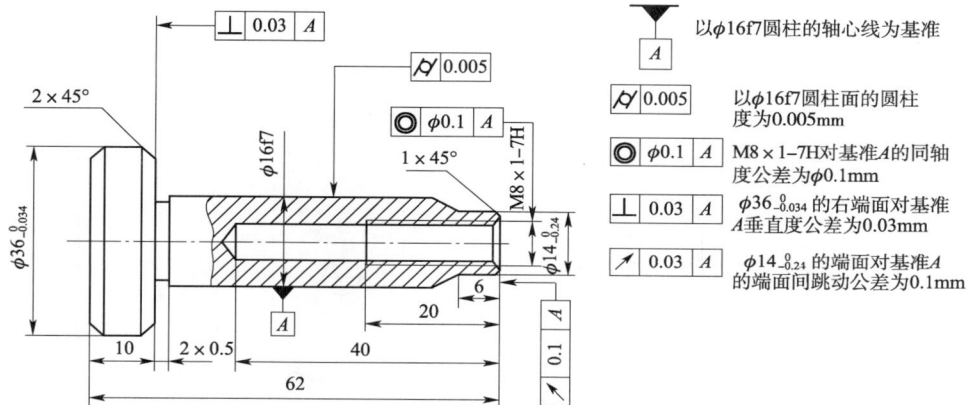

图 6-21 形位公差标注示例

课题四 读零件图

零件图是指导加工和检验零件的技术文件。读零件图时,除了应看懂零件的结构形状及尺寸大小外,还需要看懂图上的技术要求,而读组合体的方法是读懂零件图的重要基础。

下面以车模车身零件图来介绍读图的方法和步骤。

一 看标题栏

通过看标题栏了解零件的概貌。从标题栏中可以了解到零件的名称、材料、绘图比例等,结合对全图的浏览,可对零件有个初步的认识。可能的话,还应搞清楚零件在机器中的作用以及与其他零件的关系。

图 6-22 中该零件为车模车身,材料为 Q235,画图比例为 1:1。

二 看各视图

看视图分析表达方案,想象零件整体形状。看图时应首先找到主视图,围绕主视图,根据投影规律再去分析其他各视图。要分析零件的类别和它的结构组成,应按"先大后小、先外后内、先粗后细"的顺序,有条不紊地进行识读。

图6-22中该零件为位一块方形的板,对该板进行切割和钻孔,结构相对简单。

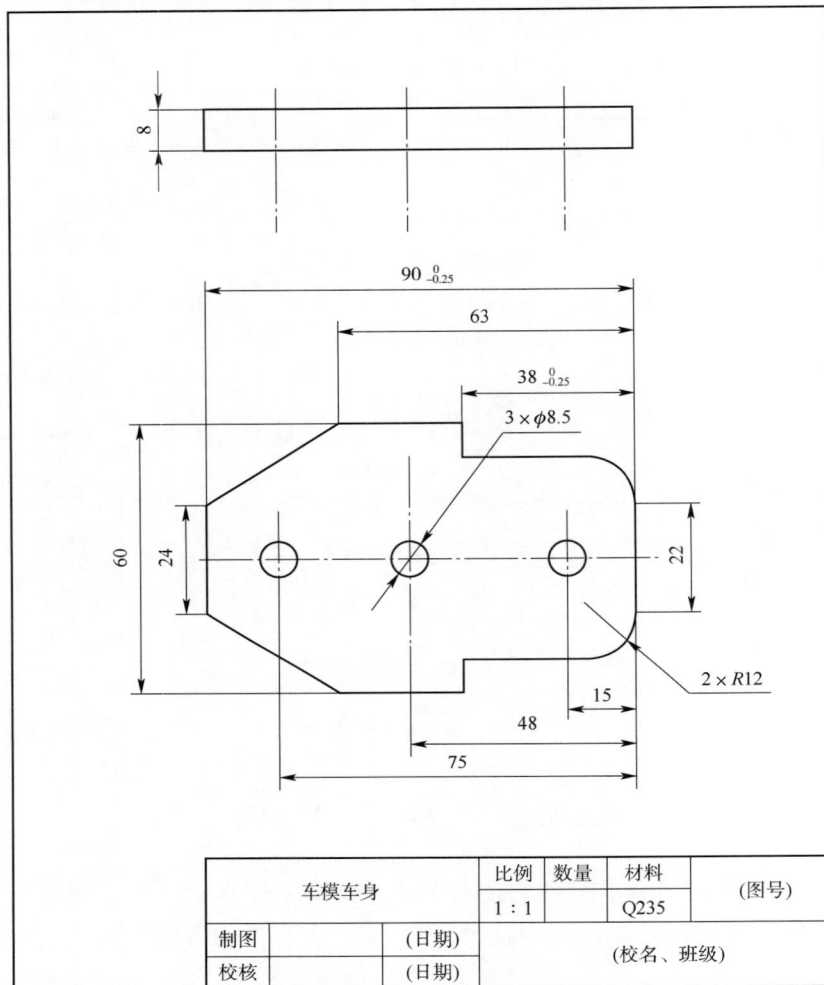

图6-22　车模车身

三　看尺寸标注

看尺寸标注,明确各部位结构尺寸的大小。看尺寸时,首先要找出三个坐标方向的尺寸基准,然后从基准出发,按形体分析法找出各组成部位的定形尺寸、定位尺寸,深入了解基准之间、尺寸之间的相互关系。

图6-21所示零件中,尺寸以右端面为左右方向基准,其中尺寸38和90有偏差配合要求。

四　看技术要求

看技术要求,全面掌握质量指标。分析零件图上所标注的公差、配合、表面粗糙度、热处理及表面处理等技术要求。

单元小结

零件图是加工和检验零件的依据,因此在视图选择、尺寸标注、技术要求等方面都比组合体视图有更进一步的要求。

(1)掌握零件图视图选择的方法及步骤,并注意以下问题:

①了解零件的功用及其各组成部分的作用,以便在选择主视图时从表达主要形体入手。

②确定主视图时,要正确选择零件的安放状态和投射方向。

③零件形状要表达完全,必须逐个形体检查其形状和位置是否唯一确定。

(2)掌握读、画零件图的方法和步骤及零件图上尺寸及技术要求的标注方法。

(3)表面粗糙度的各种符号的意义及其在图样上的标注方法。

(4)极限与配合的基本概念及标注。

思考与练习

(一)选择题

1.表面粗糙度的评定参数,其单位是( )。

    A. m   B. μm   C. mm   D. cm

2.尺寸 ϕ50JS(±0.015)的公差是( )。

    A. +0.015   B. 0.030   C. −0.015   D. 50

3.极限偏差包括( )。

    A. 上极限尺寸   B. 下极限尺寸

    C. 上偏差、下偏差   D. 基本偏差

4.在下列对零件图尺寸标注的要求中,错误的是( )。

    A. 避免注成封闭尺寸链   B. 重要尺寸也可以随意标注

    C. 按测量要求,从测量基准出发标注   D. 辅助基准和重要基准间,要标注联系尺寸

(二)简答题

1.零件图由哪几部分组成?

2.标注尺寸时为何不能注成封闭尺寸链?

单元七 装 配 图

课题一 装配图的功用和内容

装配图是表达机器(或部件)的图样。在设计过程中,一般是先画出装配图,然后再画零件图;在生产过程中,先根据零件图进行零件加工,然后再依照装配图将零件装配成部件或机器。因此,装配图既是制订装配工艺规程,进行装配、检验、安装及维修的技术文件,也是表达设计思想、指导生产和交流技术的重要技术文件。图7-1是车模的实物图,图7-2是车模的装配图。

装配图不仅要表示机器(或部件)的结构,同时也要表达机器(或部件)的工作原理和装配关系。从图7-2中可以看出,装配图应包含以下内容:一组图形、必要尺寸、技术要求及标题栏、明细栏等。

一 装配图的图形及表达方法

和零件图一样,装配图的一组图形也是由主视图和其他必要的视图构成。但装配图的表达重点不在于每个零件的结构形状,而是部件的整体结构、工作原理及零件间的装配关系,所以应选择反映这些特征明显的一面作为主视图的投射方向。

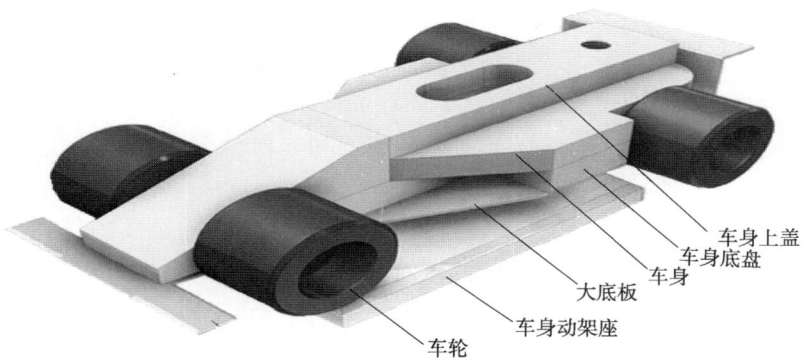

图 7-1 车模实物图

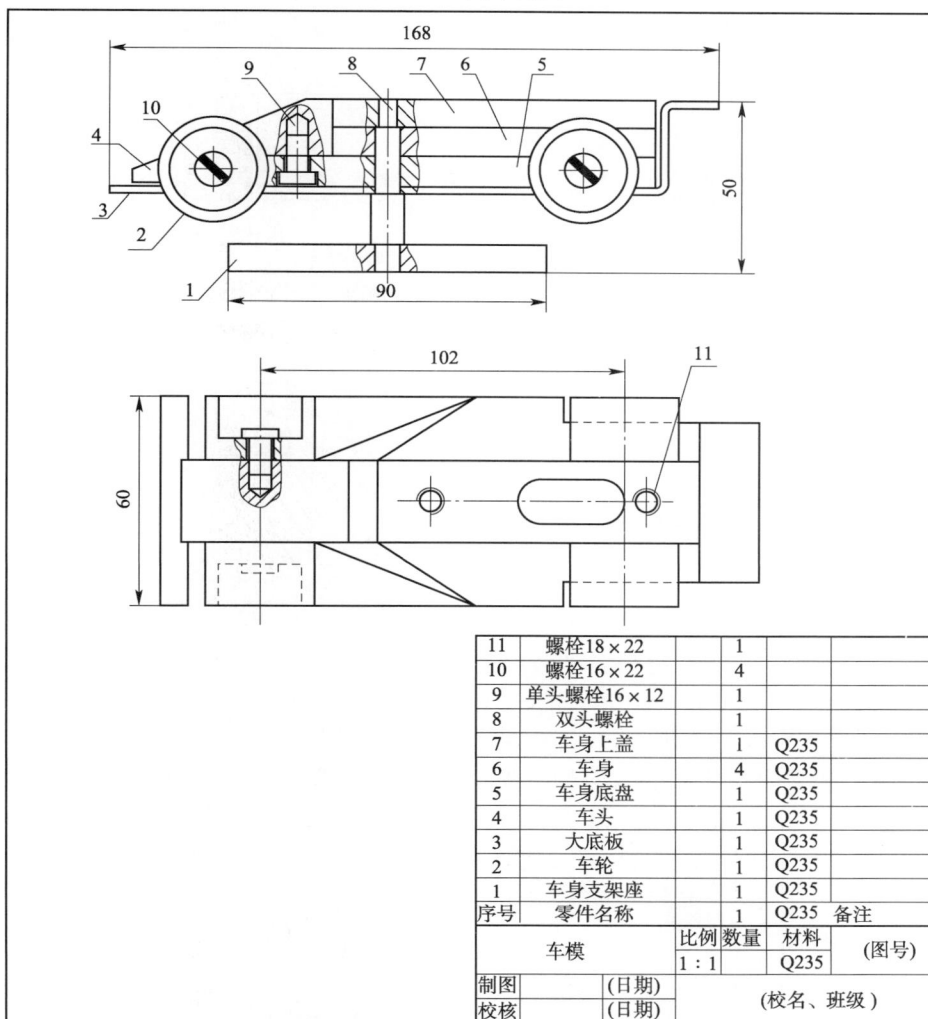

11	螺栓18×22	1		
10	螺栓16×22	4		
9	单头螺栓16×12	1		
8	双头螺栓	1		
7	车身上盖	1	Q235	
6	车身	4	Q235	
5	车身底盘	1	Q235	
4	车头	1	Q235	
3	大底板	1	Q235	
2	车轮	1	Q235	
1	车身支架座	1	Q235	备注
序号	零件名称	1	Q235	备注
车模		比例	数量	材料	(图号)
		1:1		Q235	
制图	(日期)		(校名、班级)
校核	(日期)		

图 7-2 车模装配图

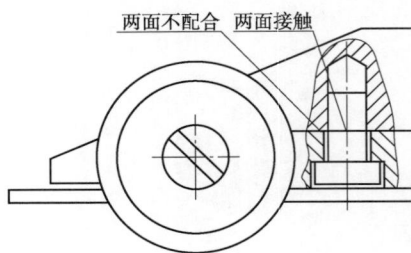

图7-3　车模之车头

为简明地表达部件的结构特点,装配图的图形除可选用第四单元介绍的各种表达方法外,还可选用装配图的规定画法和特殊画法。

(1)相邻两零件的接触面和配合面只画一条线;不接触的表面和非配合表面画两条线。如图7-3所示车头和车身底盘的连接。

(2)两个或两个以上的金属零件相连接时,剖面线的倾斜方向应相反。如图7-3车头和车身底盘的连接中的局部剖的剖面线。

(3)标准件和实心件按不剖的画,如图7-4所示。

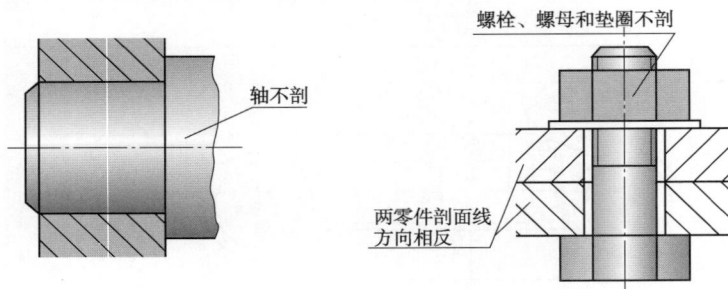

图7-4　标准件和实心件画法

(4)当需要表示运动零件的极限位置时,极限位置的轮廓线可用细双点画线表示,如图7-5所示。

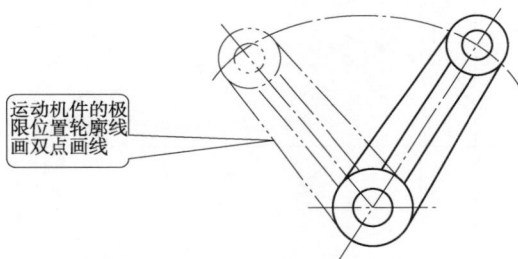

图7-5　零件的极限位置画法

(5)在装配图中若干个相同的零件组,如螺栓连接、螺钉连接等,可仅详细地画出一组,其余只需用细点画线表示其中心位置,图7-2所示装配图中车头和车轮的连接,如图7-6所示。

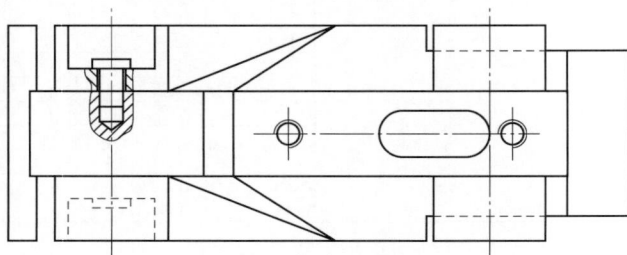

图7-6　车模俯视图

（6）在装配图中零件的工艺结构，如倒角、圆角、退刀槽等可不画；滚动轴承、螺栓连接等可采用简化画法，如图 7-7 所示。

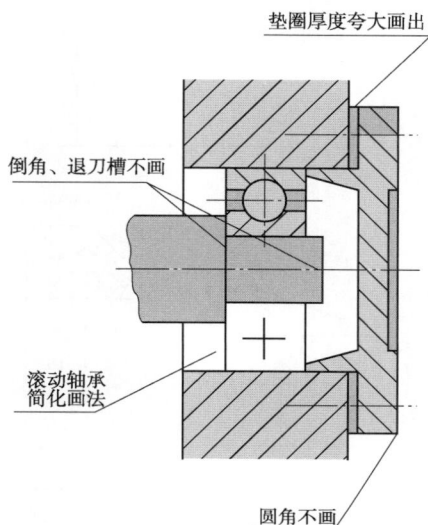

图 7-7　倒角、退刀槽、滚动轴承简化画法

二　装配图的尺寸

装配图与零件图的作用不同，对尺寸标注的要求也不同。装配图是设计和装配机器（或部件）时用的图样，因此不必把零件制造时所需要的全部尺寸都标注出来。

一般装配图应标注下面几类尺寸：

（1）规格或性能尺寸。表示产品或部件的规格、性能的尺寸，是设计或选用产品的主要依据。

（2）装配尺寸。包括零件之间有配合要求的尺寸及装配时需要保证相对位置的尺寸。

（3）安装尺寸。将部件安装到基座或其他部件上所需的尺寸。

（4）外形尺寸。表达机器或部件的总长、总宽、总高的尺寸。

（5）其他的重要尺寸。指设计过程中经计算所得或选定的重要尺寸以及其他必须保证的尺寸，如运动零件的极限位置尺寸，主体零件的重要尺寸。

课题二　读 装 配 图

在设计、制造、安装、维修机器设备以及进行技术交流时，要阅读装配图，通过读装配图，了解部件的用途、工作原理，搞清各零件的主要结构、装配关系及拆装顺序。下面以车模装配图（图 7-2）和零件图（图 7-8 ~ 图 7-11）来介绍读图的方法和步骤。

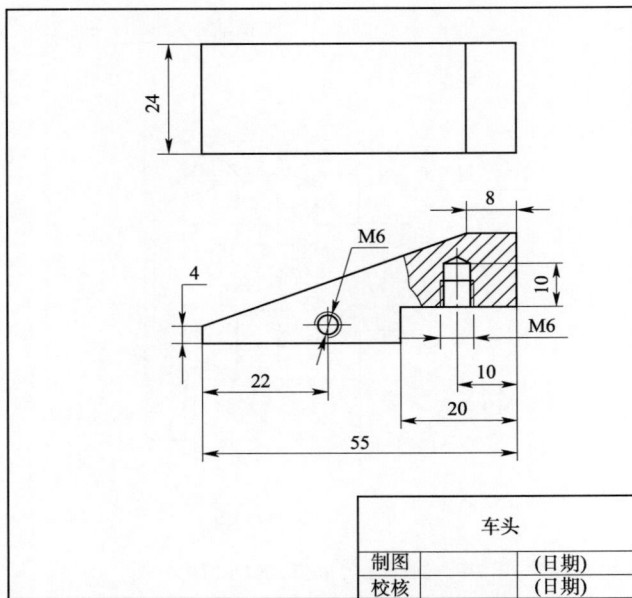

车头		
制图		(日期)
校核		(日期)

图 7-8　车头零件图

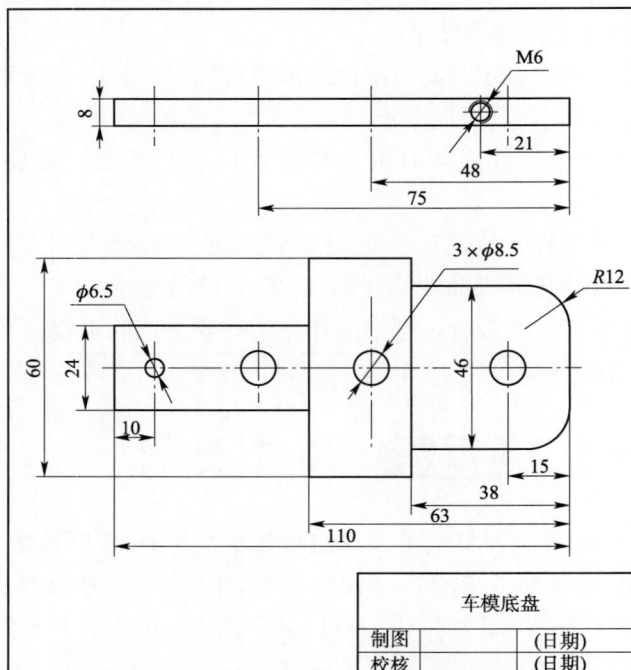

车模底盘		
制图		(日期)
校核		(日期)

图 7-9　车模底盘零件图

车模车身		
制图		(日期)
校核		(日期)

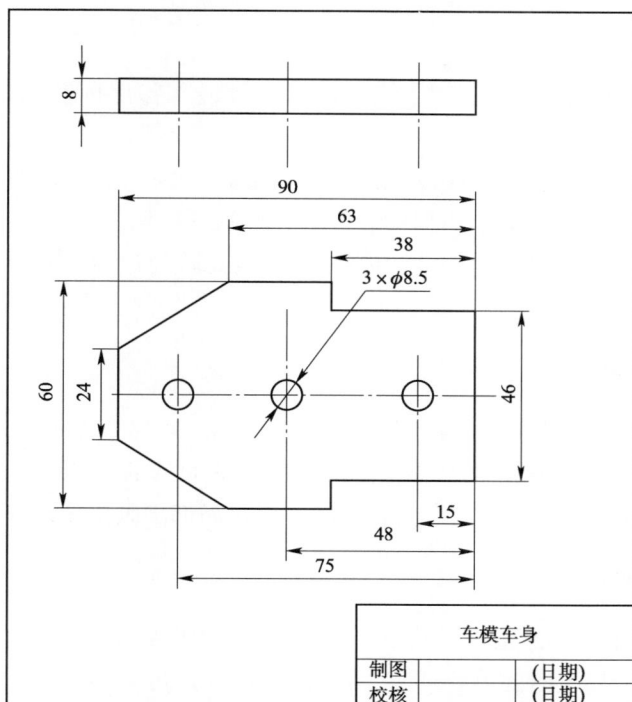

图 7-10　车模车身零件图

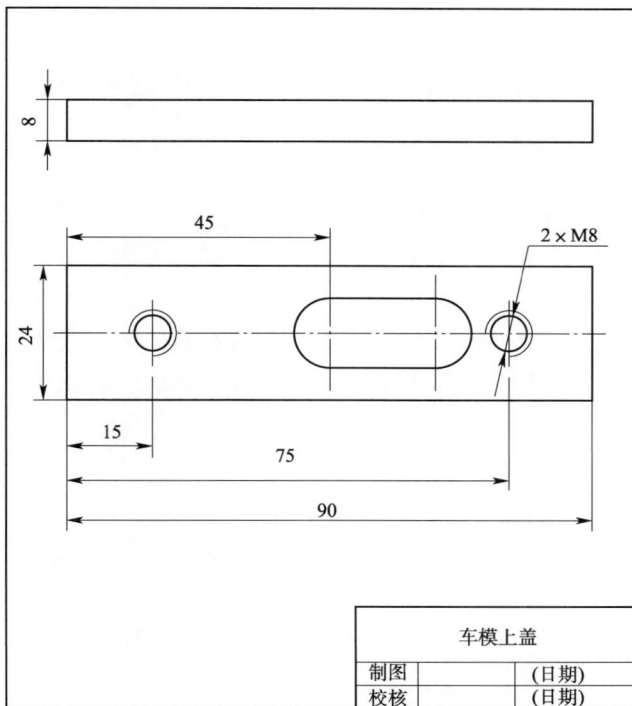

车模上盖		
制图		(日期)
校核		(日期)

图 7-11　车模上盖零件图

一 概括了解

看标题栏及明细栏,零件部件的名称、用途、性能及工作原理;了解各零件的名称、材料、数量及在部件中的位置。

从图中可看出该汽车模型的结构相对简单,和实际中的汽车零部件的结构是无法相比的。从标题栏及明细栏可知,该部件为汽车模型,画图比例为 1:1,由 7 个零件及一些标准件组成,零件材料为 Q235。整个装置体积小,结构比较简单,在加工和装配上没有特别的要求。

二 分析视图

了解视图的名称、数量及每个视图的表达重点,弄清各视图之间的关系。

图 7-2 所示车模结构相对简单,用主视图和俯视图两个视图来表达,主要以局部剖来辅助表达零件之间的装配关系,如车头和车轮连接用局部剖画出螺钉连接。

三 分析零件

就是弄清每一个零件的结构形状及其作用,并了解零件之间的连接方式、配合关系及运动情况,这是看懂装配图的重要环节。在分析零件时,可借助零件的序号、不同方向和不同间隔的剖面线,把一个一个零件视图从装配图中划分出来,然后对照投影关系,想象它们的结构形状。

图 7-2 中,车头和车轮用螺钉连接,支撑底座通过双头螺柱与大底板、底盘、车身、车身上盖连接,大底板、底盘、车身、车身上盖的右端由螺栓连接在一起。

四 归纳总结,看懂全图

在了解工作原理、看懂零件结构形状的基础上,进一步分析零件的拆装顺序及部件的构造特点,并结合尺寸、技术要求等进行全面的归纳总结,形成一个完整的概念,达到看懂装配图的目的。

在读图的过程中上述读图步骤不能截然分开,应视具体情况交替进行,在具备了一定的生产知识并通过反复读图实践后,可进一步掌握阅读装配图的能力。

单 元 小 结

装配图是表达机器或部件的图样,是表达设计思想、指导装配和进行技术交流的重要技术文件。本章主要内容概括如下:

(1)一张完整的装配图应包括以下几个方面内容:一组图形,必要尺寸,技术要求及标题栏、明细栏。

(2)装配图的表达方法。要正确、清楚地表达装配体的结构、工作原理及零件间的装配关系,视图、剖视图、断面图等零件图的各种表达方法对装配图基本上都是适用的。但装配图主要是依据装配体的工作原理和零件间的装配关系来确定主视图的投射方向及其他视图的表达。

（3）装配图的尺寸和技术要求。

（4）识读装配图。识读装配图主要是了解构成装配体的各零件间的相互关系，即它们在装配体中的位置、作用、固定或连接方法、运动情况及装拆顺序等，从而进一步了解装配体的性能、工作原理及各零件的主要结构形状。

思考与练习

（一）选择题

1. 以下不属于装配图尺寸的是（　　　）。

    A. 性能尺寸   B. 规格尺寸   C. 中间尺寸   D. 总体尺寸

2. 以下不属于装配尺寸的是（　　　）。

    A. 92H8/h7   B. $\phi16H7/h6$ C. $\phi40K8/h7$ D. $\phi40K8$

3. 从标题栏中可以了解到装配体的（　　　）和大致的用途。

    A. 名称、比例   B. 名称、材料   C. 标准件名称   D. 专用件名称

（二）简答题

装配图包含哪些内容？

单元八 汽车车身结构

课题一 汽车车身结构类型

一 轿车车身造型的演变

轿车车身造型的演变可分为如下五类：1915 年福特 T 型汽车——箱形汽车；1934 年克莱斯勒气流牌汽车——甲壳虫形汽车；1949 年福特 V8——船形汽车；1952 年别克牌汽车——鱼形汽车；1963 年司蒂倍克·阿本提牌汽车——楔形汽车。

这五种基本造型是伴随着机械工程学、人体工程学和空气动力学的技术进步，而满足对汽车高速、安全、舒适要求的理想造型。目前轿车外形仍属于这些类型或在此基础上的变形。

1 箱形汽车

世界上第一辆汽车——德国工程师哥特里布·戴姆勒于 1886 年制造的戴姆勒一号车，这种马车造型的汽车延续至今，就是装有帆布棚的车。美国福特公司 1915 年生产的 T 型车(图 8-1)确立了箱形汽车的基本造型。

② 甲壳虫形汽车

空气阻力包括迎面阻力及形状阻力,且形状阻力占有很大的比重。在前窗玻璃、车顶,特别是汽车后部与汽车行进方向相垂直的过渡部位,会产生空气涡流。于是,符合空气动力特性的流线型车身造型——甲壳虫汽车在 20 世纪 30 年代初问世了。

1934 年美国的克莱斯勒公司生产的气流牌小客车,首先采用了流线型的车身外形(图 8-2)。

图 8-1　1915 年美国生产的福特 T 型汽车

图 8-2　1934 年美国克莱斯勒公司生产的气流牌小客车

1936 年福特公司在"气流"的基础上,加以精练并吸收商品学要素研制成功林肯·和风牌流线型小客车(图 8-3)。此车散热器罩很精练并具有动感俯视整个车身呈纺锤形很有特色。

1933 年德国的独裁者希特勒要求波尔舍(1875—1951 年)设计一种大众化的汽车,波尔舍博士设计了一种类似甲壳虫外形的汽车。波尔舍最大限度地发挥了甲壳虫外形的长处,成为同类车中之王(图 8-4)。

图 8-3　1936 年福特公司生产的林肯·和风牌小客车

图 8-4　德国大众牌甲壳虫形小客车

③ 船形汽车

这种车型改变了以往汽车造型的模式,使前翼子板和发动机罩、后翼子板和行李舱盖融为一体,前照灯和散热器罩也形成整体,车身两侧形成一个平滑的面,车室位于车的中部,整个造型很像一只小船,所以人们把这类车称为"船形汽车"。车身背部演变发展如图 8-5 所示。船型汽车不论从外形上还是从性能上来看都优于甲壳虫形汽车,并且还解决了甲壳虫形汽车对横风不稳定的问题。

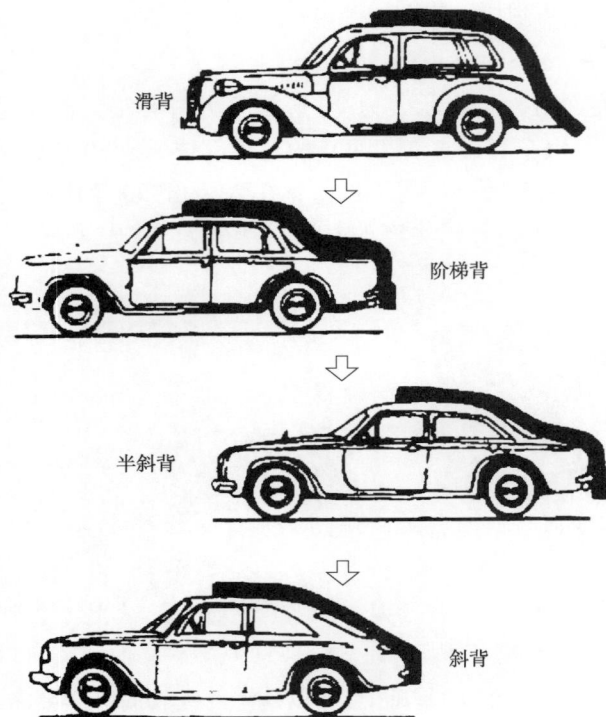

图 8-5　车身背部的演变

④ 鱼形汽车

船形汽车尾部过分向后伸出形成阶梯状在高速时会产生较强的空气涡流。为了克服这一缺陷人们把船形车的后窗玻璃逐渐倾斜,倾斜的极限即成为斜背式。由于斜背式汽车的背部像鱼的脊背,所以这类车称为"鱼形汽车"。最初的鱼形车是美国 1952 年生产的别克牌小客车(图 8-6)。

⑤ 楔形汽车

"鱼形鸭尾式"车型虽然部分地克服了汽车高速行驶时空气的升力,但却未从根本上解决鱼形汽车的升力问题。在经过大量的探求和试验后,设计师最终找到了一种新车型——楔形。这种车型就将车身整体向前下方倾斜,车身后部像刀切一样平直,这种造型能有效地克服升力。如图 8-7 所示,日本丰田汽车有限公司的 MR2 型中置发动机跑车(尾部装有扰流板),可以称之为楔形汽车中的代表车。

图 8-6　美国 1952 年生产的别克牌小客车

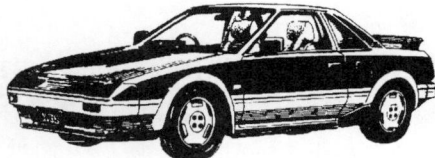

图 8-7　日本丰田汽车有限公司 1985 年
生产的 MR2 型中置发动机跑车

二　汽车车身造型的发展

汽车车身造型的发展是以更好地将空气动力学设计方案与乘坐舒适性恰当地予以结合，在充分考虑到以上两个关键问题的基础上，努力开发人体工程学领域的新技术，以设计、制造出更完美、更优秀的汽车为目标的。总有一天，汽车驾驶室会形成带有优美曲线的"玻璃罩"。与之交相辉映的是具有几何形态的车体，透着浑圆和流线的风格。那时，汽车色彩的喷涂将在鲜艳中体现出柔和感和透明感，因而会格外赏心悦目。

课题二　非承载式车身的结构

一　非承载式车身的概述

图8-8所示为非承载式车身典型结构。车架是非承载式车身的基础，它是一个高强度构架，是一个独立的部件，车身和发动机、变速器、悬架、转向等总成都固定在车架上，一般要求车架有足够的坚固度，在发生碰撞时能保持汽车其他部件的正常位置。

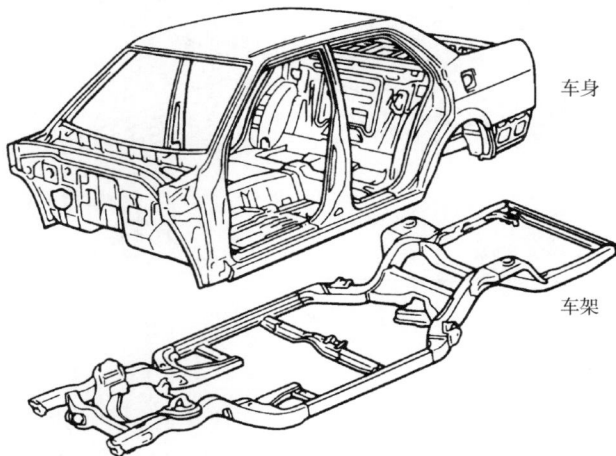

图8-8　非承载式车身

车身通常用螺栓固定在车架上，为了减少乘坐室内的噪声和振动，车身与车架之间除放置特制的橡胶垫块外，还安装了减振器，将振动、噪声减至最小。

现代汽车高强度钢车架的纵梁截面通常是U形槽截面或箱形截面，用来加强车架，碰撞时能吸收大量的能量

二　车架类型

非承载式车身的车架常见的有梯形车架，X形车架和框形车架等几种。

1 梯形车架

梯形车架包含两个纵梁与一些横梁相连接（图8-9）。梯形车架的强度好，在一些货

车上仍能看到。在一些小型货车上还使用如图 8-10 所示的梯形车架。由于它的舒适性差,现在轿车上已经不再使用。

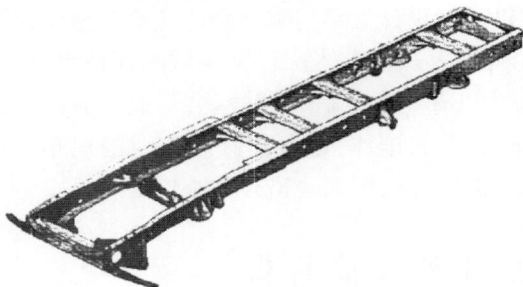

图 8-9　中大型货车用梯形车架　　　　　　图 8-10　小型货车用梯形车架

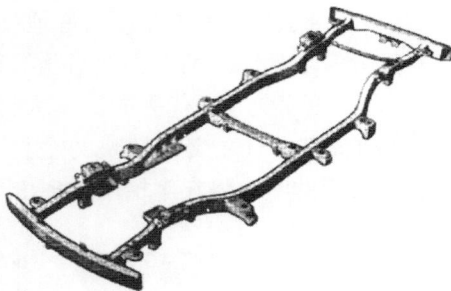

❷ X 形车架(脊梁式车架)

X 形车架(图 8-11)中间窄,刚性好,能较好地承受扭曲变形。由于这种车架侧面保护性不强,从 20 世纪 60 年代后期已经不再使用。

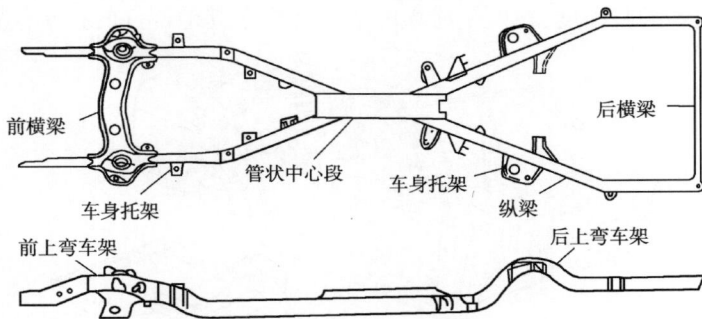

图 8-11　典型的 X 形车架

❸ 框式车架

框式车架的纵梁在其最大宽度处支撑着车身,在车身受到侧向撞击时可为乘员提供保护。在前车轮后面和后车轮前面的区域形成扭力箱结构(图 8-12)。在正面碰撞中,分段区域可吸收大部分的能量,在侧向撞击中,由于中心横梁靠近前面地板边侧构件,使乘坐室受到保护;同时因乘坐室地板低,从而质心降低、空间加大。在后尾碰撞中,由后横梁和上弯车架吸收冲击振动。目前所使用的大多数车架都是框式车架。

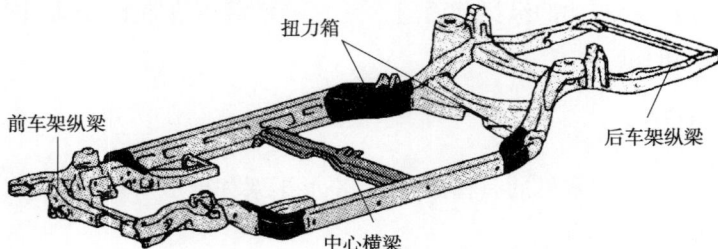

图 8-12　具有扭力箱的框式车架

三 非承载式车身的前车身

非承载式车身的前车身由散热器支架、前翼子板和前挡泥板等组成（图 8-13）。由于用螺栓安装，易于分解。散热器支架由上支架、下支架和左右支架焊接而成。非承载式车身的前翼子板不同于承载式车身的前翼子板，其上边内部和后端是电焊的，不仅增加了翼子板的强度和刚性，并且与前挡泥板一起降低了传到乘坐室的振动和噪声，也有利于减小悬架及发动机在侧向冲击时受到的损伤。

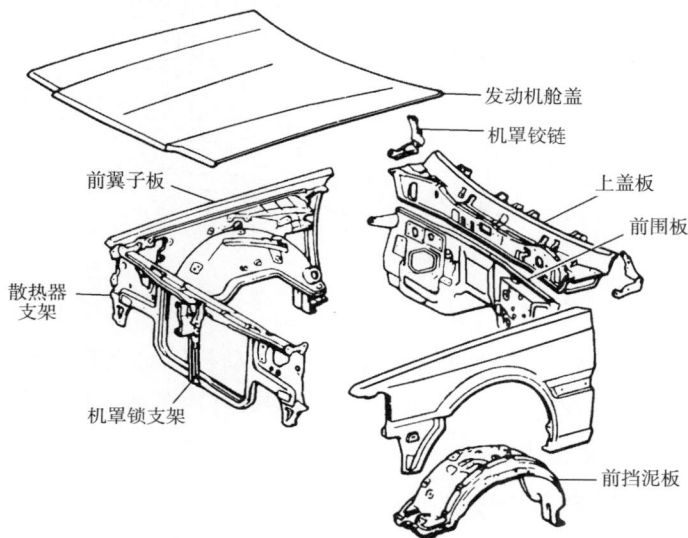

图 8-13 非承载式车身的前车身构件

四 非承载式车身的主车身

乘坐室和行李舱焊接在一起构成主车身，它们由围板、地板、车顶板和后盖板等组成（图 8-14），围板由车身左右前立柱，内板、外板、和盖板侧外板等构成。当乘客受到侧向冲击碰撞时，中部车架纵梁对乘坐室进行保护。

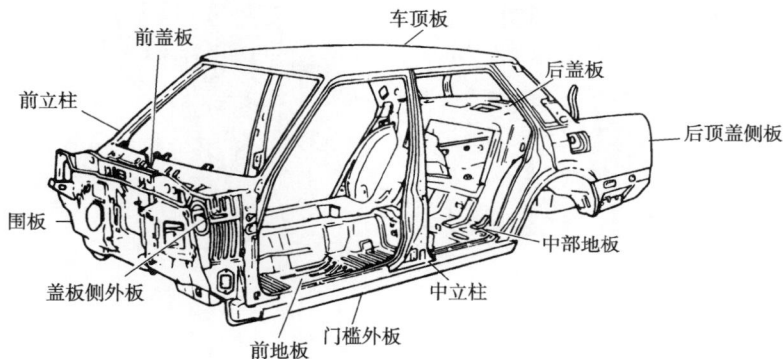

图 8-14 非承载式车身的主车身结构

课题三 承载式车身的结构

在 20 世纪 80 年代以前,曾短暂使用过半承载式车身。近几年生产的小型、中型甚至有些大型的新型轿车,大部分都采用承载式车身结构。图 8-15 所示为承载式车身典型结构。

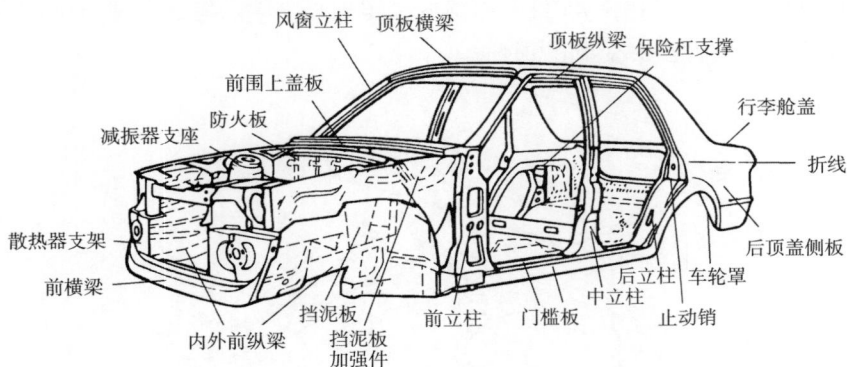

图 8-15　承载式车身结构

现在的承载式车身结构有三种基本类型:前置发动机后轮驱动(简称前置后驱,可用 FR 表示);前置发动机前轮驱动(简称前置前驱,可用 FF 表示)和中置发动机后轮驱动(简称中置后驱,可用 MR 表示)。

一　前置发动机后轮驱动(FR)车身

前置后驱(FR)的车身(图 8-16)被分为三个主要部分:前车身,中车身(乘坐室),后车身。发动机、传动装置、前悬架和操作系统安装在前车身,差速器和后悬架安装在后车身。中车身的地板上焊接有纵梁和横梁,有很高的强度和刚性,可以保证汽车运行的需要。

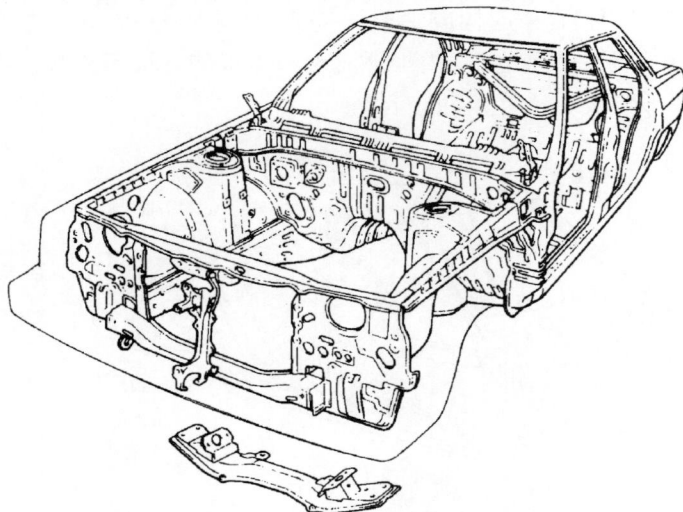

图 8-16　前置后驱汽车车身结构

（一）前置后驱的前车身

前置后驱的前车身由前横梁、前悬架横梁、散热器支架、前挡泥板、前围板、前围上盖板及前纵梁等构成（图 8-17）。由于发动机、悬架和转向装置都安装在前挡泥板和前纵梁上，且前车身的强度和精度影响前轮的定位和传到乘坐室的振动与噪声，因此要求前车身制造精确并具有较强的强度。车身外覆盖件，如发动机罩、前翼子板、前围板等是用螺栓、螺母和铰链固定，其他的部件都是焊接在一起，以减轻车身的质量，增加车身的强度。

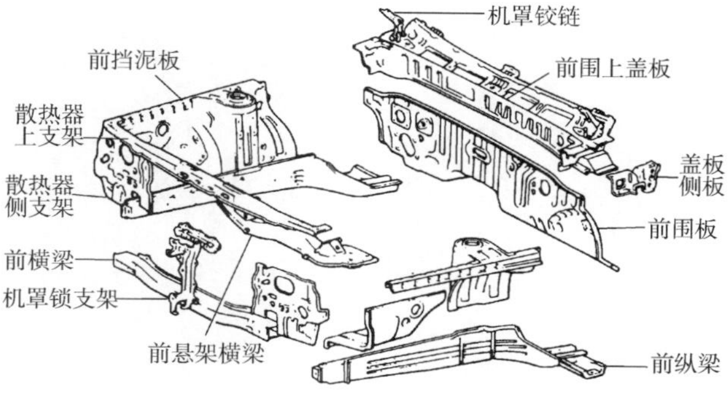

图 8-17 前置后驱前车身构件

（二）前置后驱的侧面车身

前置后驱的侧面车身结构如图 8-18 所示，前立柱、中立柱、门槛板、车顶纵梁等部位都采用三层板的设计，同时应用了大量的高强度钢，以防止来自前方、后方和侧面的碰撞引起的中部变形，车身立柱、门槛板、车顶纵梁、车顶板和地板等共同形成了乘坐室。

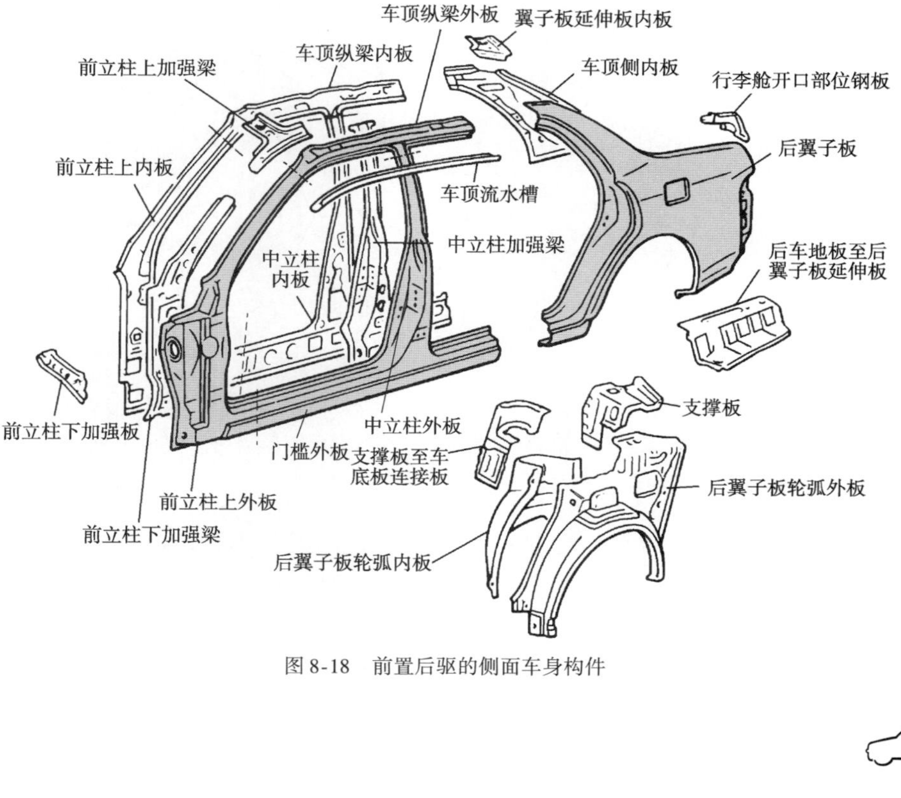

图 8-18 前置后驱的侧面车身构件

（三）前置后驱的底部车身

底部车身主要由前后纵梁、地板主纵梁、地板及横梁等构成（图8-19）。前纵梁形同车架的框架。随着悬架和车身底部结构大小和形状的不同，这些部件的形状和基本布局会有变化。

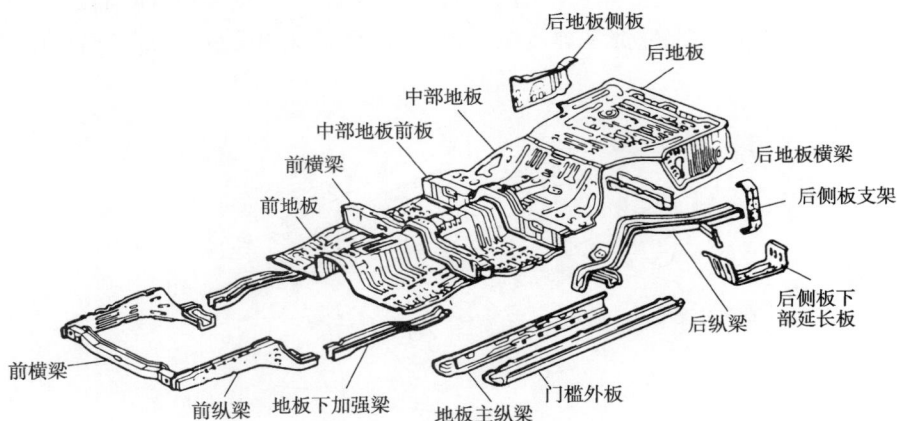

图 8-19　前置后驱底部车身构件

1 底部车身前段

底部车身前段是由前纵梁、前横梁构成（图8-20）。由于要安装发动机、悬架等部件，并影响前车轮的定位，这些构件都用高强度钢制成箱形截面。

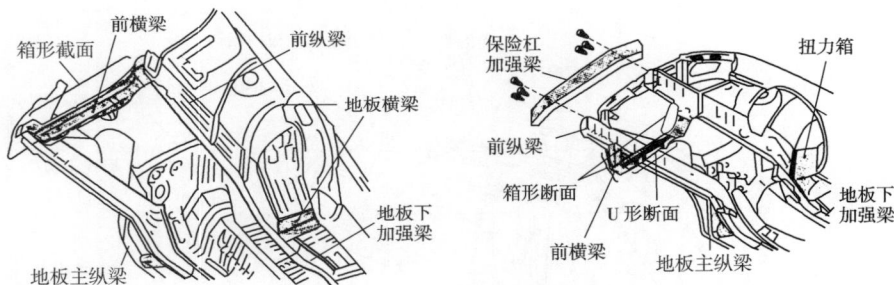

图 8-20　前置后驱底部车身不同的前段结构

2 底部车身中段

底部车身中段主要由地板、地板横梁和地板主纵梁等构成（图8-21），前置后驱车身因为变速器纵向放置，并且有传动轴传递力矩至后方，所以需要较大的车底拱起空间。

3 底部车身后端

底部车身后端主要由后纵梁、后地板横梁、中央地板及行李舱地板等构成（图8-22、图8-23）。后纵梁从后排座椅下边到接近后桥处并上弯延伸到后桥。

（四）前置后驱的后车身

前置后驱的后车身有轿车形式（图8-24）和旅行车形式（图8-25）两种类型，前者行李舱和乘坐室分开;后者行李舱与乘坐室不分开。

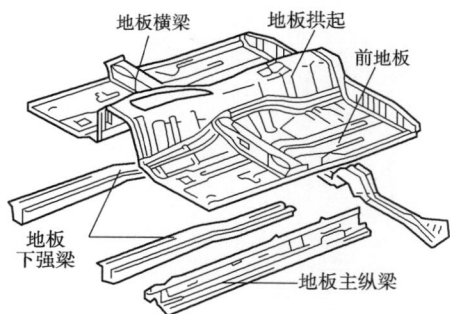

图 8-21 底部车身中段构件

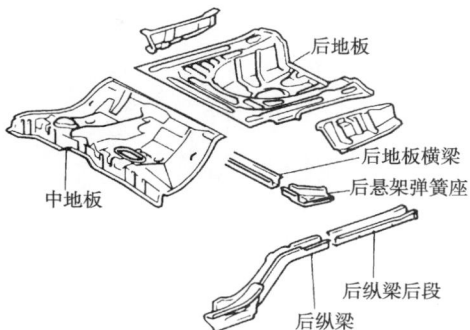

图 8-22 车身底部后段构件

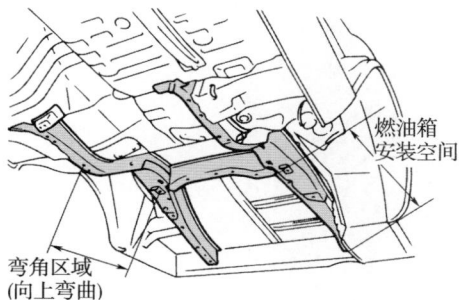

图 8-23 车身新型后部结构

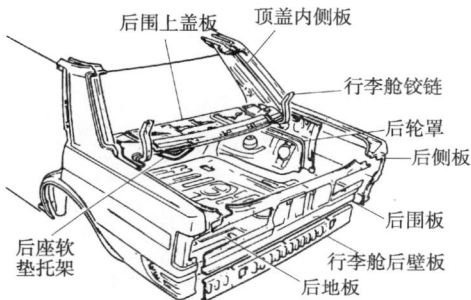

图 8-24 轿车后车身

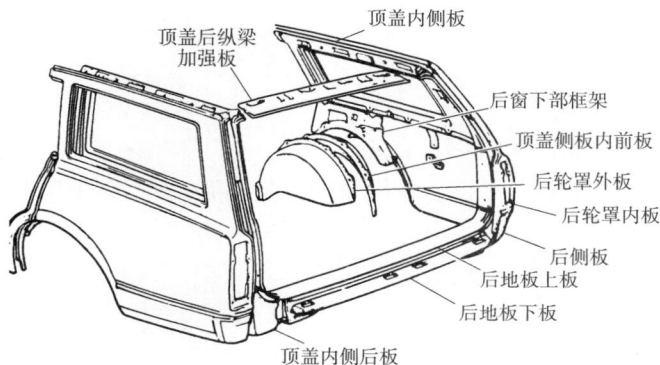

图 8-25 旅行车后车身

二 前置发动机前轮驱动(FF)车身

(一)前置前驱的前车身

前置前驱的前车身由发动机罩、前翼子板、散热器上下支架、散热器侧支架、前横梁、前纵梁、前挡泥板和用薄钢板冲压成的前围板等构成,前置前驱和前置后驱汽车的前悬架都是采用滑柱式独立悬架,安装在前挡泥板的上方。图 8-26 所示为前置前驱发动机纵向放置的前车身。图 8-27 所示为前置前驱发动机横向放置的前车身。

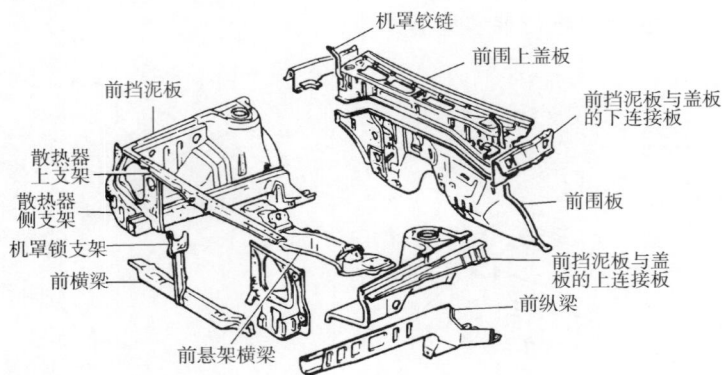

图 8-26 前置前驱发动机纵置前车身构件

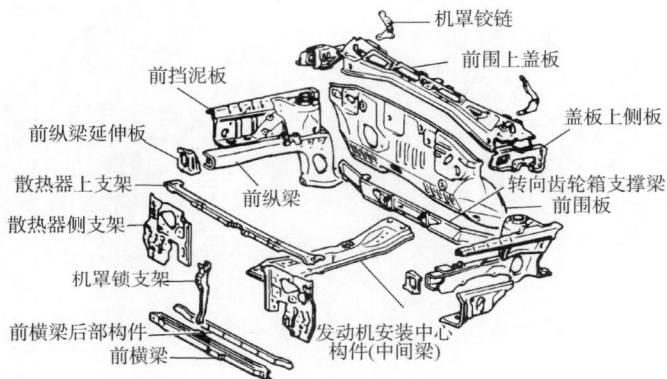

图 8-27 前置前驱发动机横置前车身构件

(二)前置前驱的中车身

前置前驱和前置后驱汽车的中车身基本相同,它们都是由地板、地板主纵梁、地板下加强梁、地板横梁等组成(图 8-28)。地板主纵梁用高强度钢板制成,位于乘坐室两侧下端,又称为门槛板内板。

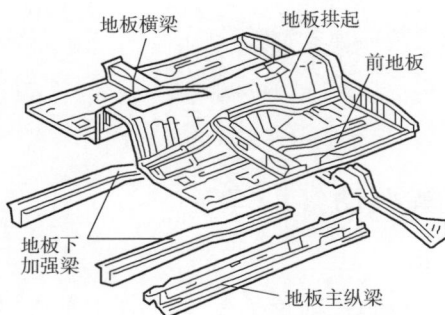

图 8-28 底部车身中段构件

(三)前置前驱的后车身

前置前驱的后车身由上下两部分组成,上部分由后门板、下后板、后侧板、后轮罩外板、后轮罩内板等组成(图8-29);下部由后地板横梁和后纵梁等组成(图8-30);因其前置前驱,燃油箱又安装在中央地板下面,这使后纵梁的高度比后轮驱动汽车的低,后纵梁的后段都经过波纹加工,以提高吸收撞击的能量。后纵梁的后段和后纵梁是分开的。

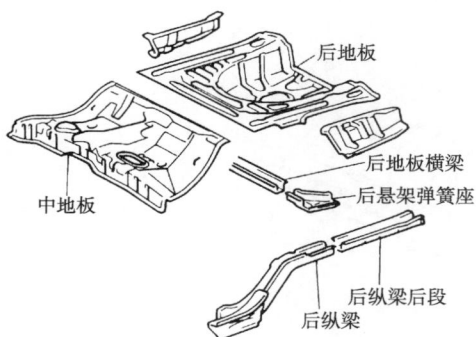

图8-29　底部车身后段构件

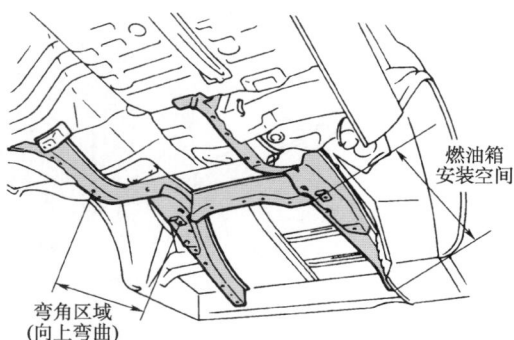

图8-30　新型车身后部结构

三　中置发动机后轮驱动(MR)车身

中置后驱(MR)汽车(图8-31)的发动机和动力转动装置布置在乘坐室和后桥之间。这种形式的汽车质心低,汽车大部分的质量靠近汽车的中心,车身普遍采用高强度箱形结构,这样减少了很多质量。

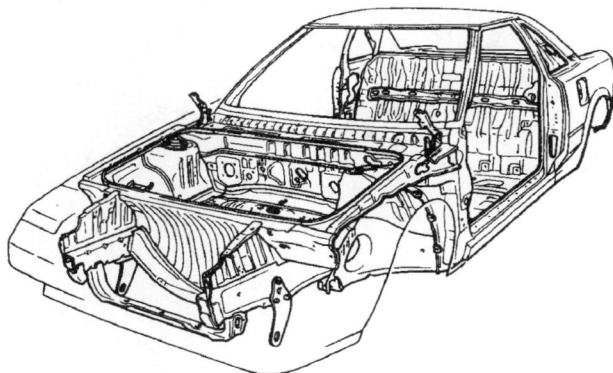

图8-31　中置后驱的车身

(一)中置后驱的前车身

中置后驱的前车身安装有前悬架、转向操作系、散热器和空气冷凝器等机械部件。由于发动机和变速驱动桥分别在中车身和后车身放置,在车身前部空间可以放置行李舱(图8-32)。

(二)中置后驱的底部车身

底部车身承受路面载荷,并将它传递到车身侧板、车身立柱和车顶板。底部车身的部件由高强度钢板制造(图8-33)。

(三)中置后驱的后车身

中置后驱的后车身由后侧板、行李舱盖、发动机罩、车身下后板、乘坐室隔板、乘坐室分隔横梁、后地板隔板和后纵梁等组成(图8-34),发动机和行李舱之间用后地板隔板分开。

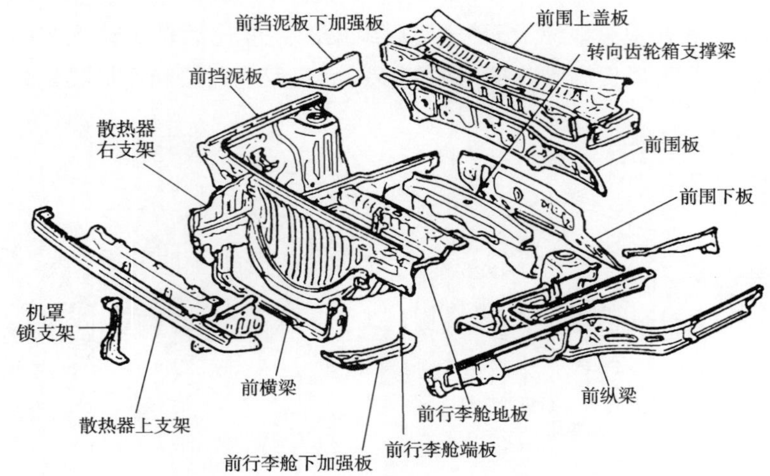

图 8-32 中置后驱的前车身

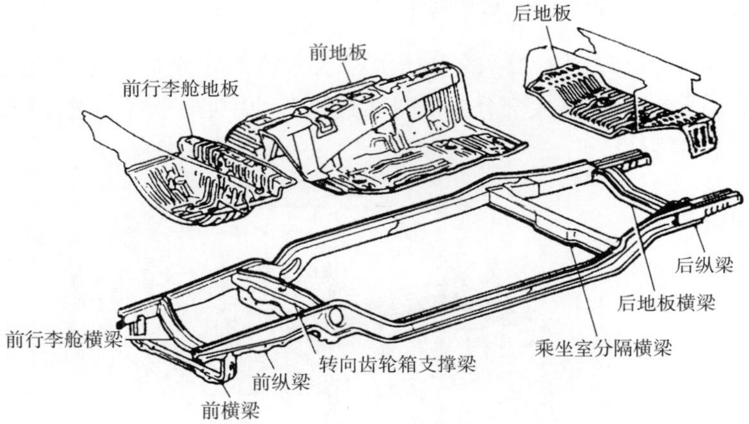

图 8-33 中置后驱的底部车身

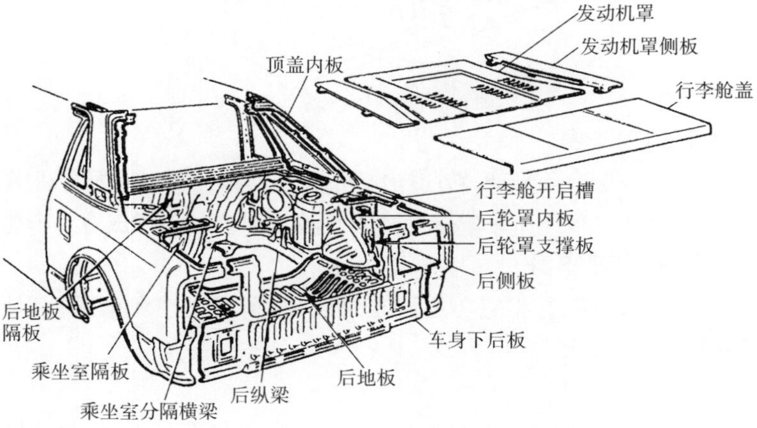

图 8-34 中置后驱的后车身

课题四　普通轿车车身结构

一　汽车车身结构特征

车身是汽车四大组成部分之一。是由各种承力元件组成的刚性空间结构。

按承载受力形式可分为：非承载式车身、半承载式车身和承载式车身等三类。

（一）非承载式车身

非承载式车身的汽车有一刚性车架，又称底盘大梁架。在非承载式车身中，发动机、传动系统的一部分、车身等总成部件都是用悬架装置固定在车架上，车架通过前后悬架装置与车轮连接。非承载式车身比较笨重，质量大，高度高，一般用在货车、客车和越野车上，也有部分高级轿车使用，因为它具有较好的平稳性和安全性。相当一部分类型的客车、载货汽车和传统轿车，均采用有车架非承载式车身结构（图8-35）。

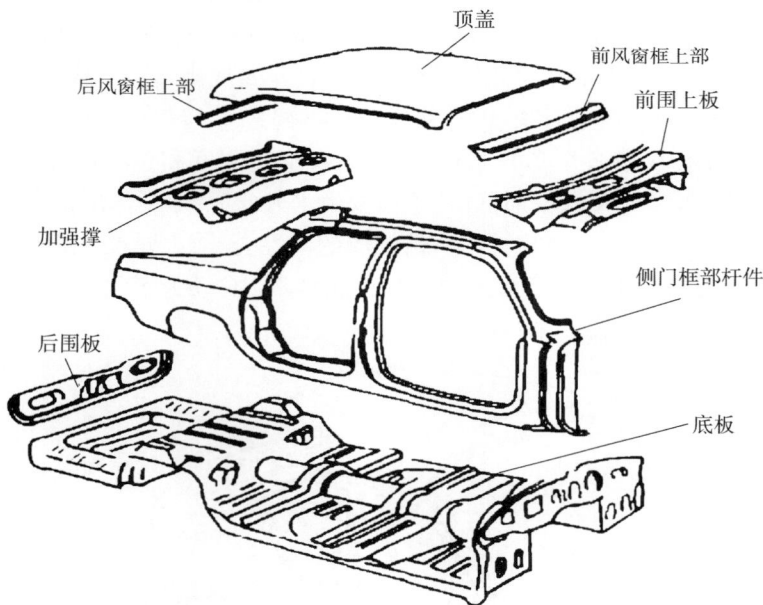

图8-35　非承载式车身

1 非承载式车身的主要优点

（1）安全性好。当汽车发生碰撞事故时，冲击能量的大部分由车架吸收，对车身主体能起一定的保护作用。

（2）减振性能好。发动机和底盘各主要总成，直接装配在介于车身主体的车架上，可以较好地吸收来自各方面的冲击与振动。

（3）工艺简单。壳体与底盘共同组成车身主体，它与底盘可以分开制造、装配，然后再组装到一起，总装工艺因此而简化。

（4）易于改型。由于以车架为车身的基础，易于按使用要求对车身进行改装、改型和改造。

❷ 非承载式车身的主要缺点

（1）质量大。由于车身壳体不参与承载或很少承载,故要求车架应有足够的强度与刚度,从而导致整车质量增加。

（2）承载面高。由于车架介于车身主体与底盘之间,给降低整车高度带来一定困难。

（3）投入多。制造车架需要一定厚度的钢板,对冲压设备要求高而使投资增加,焊接、检验以及质量保证等作业也随之复杂化。

（二）半承载式车身

车身与车架是用焊接、铆接或螺钉连接的,载荷主要由车架承受,车身也承受一部分。壳体底部直接装配在车架上称刚性连接,蒙皮、骨架与车架共同承载。车架以及悬臂梁的弯曲和扭转变形直接作用在车身壳体上形成的剪切力,也主要由车身蒙皮承担。这种结构车身是为了避免非承载式车身相对于车架位移时发出的噪声而设计的。由于质量大,现在很少采用。

（三）承载式车身

承载式车身又称为整体式车身,车身代替车架来承受全部载荷。承载式车身虽然没有独立的车架,但由于车身主体与类似于车架功能的车身底板,采用组焊等方式制成整体刚性框架,使整个车身(底板、骨架、内外蒙皮、车顶等)均参与承载(图8-36)。这样分散开来的承载力分别作用于各个车身结构件上,车身整体刚度和强度同样能够得到保证。当车身整体或局部承受适度载荷时,壳体不易发生永久变形,即刚性结合在正常载荷作用下,一般不会永久性变形。而且这种由构件组成的刚性壳体,在承受载荷时"牵一发而动全身",依据作用力与反作用力平衡法则,"以强济弱"地自动调节,使整个壳体在极限载荷内始终处于稳定平衡状态。

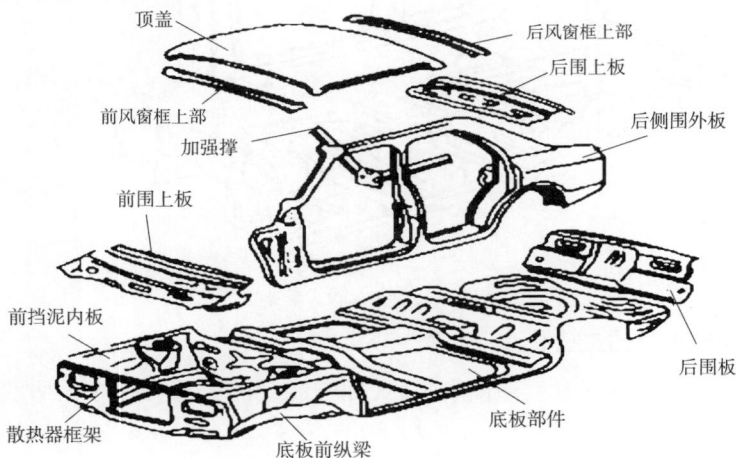

图 8-36　承载式车身

❶ 承载式车身的主要优点

（1）质量小。由于车身是由薄钢板冲压成型的构件组焊而成,因而具有质量小、刚性好、抗变扭能力强等优点。

（2）生产性好。车身采用容易成型的薄钢板冲压,并且采用点焊和多工位自动焊接等现代化生产方式,使车身组焊后的整体变形小,且生产效率高、质量保障性好。

（3）结构紧凑。由于没有独立的车架,使汽车整体高度、重心高度、承载面高度都有所降低,可利用空间也相应增大。

（4）安全性好。由薄板冲压成型后组焊而成的车身,具有均匀承受载荷并加以扩散的功能,对冲击能量的吸收性好,使汽车的安全保障性得到改善与提高。

❷ 承载式车身的缺点

底盘部件与车身结合部在汽车运动载荷的冲击下,极易发生疲劳损伤;乘客室也更容易受到来自汽车底盘的振动与噪声的影响。为此,需要有针对性地采取一些减振、消噪等技术措施。另外,由事故所导致的整体变形较为复杂,并且会直接影响到汽车的行驶性能。钣金维修作业中复原参数时,须使用专门设备和特定的检查与测量手段。

二 轿车车身壳体结构

轿车普遍采用承载式车身结构,图8-37所示为承载式车身上典型的零部件。

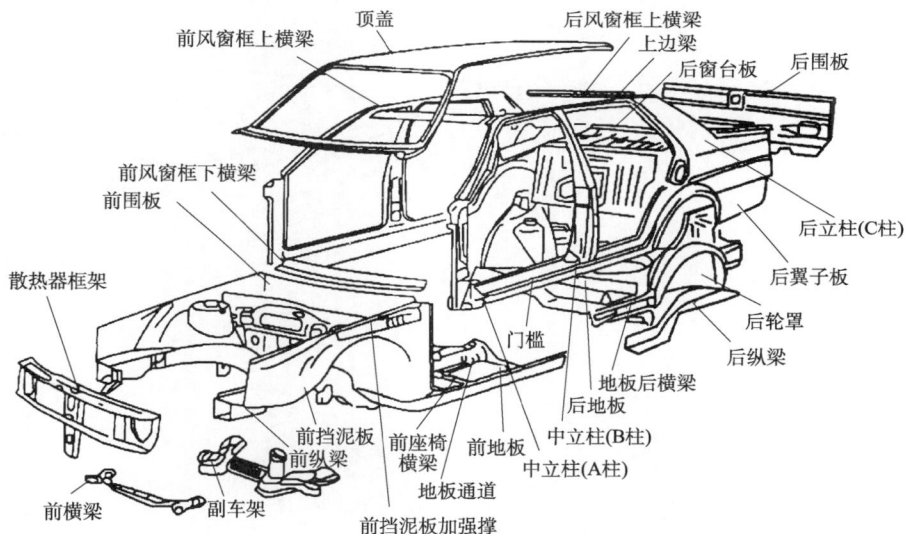

图8-37　承载式车身上典型的零部件

三 车身构件图及零部件构件图

（一）车身内部部件（图8-38）

（二）车身外部部件（图8-39）

（三）前部车身部件（图8-40）

（四）侧面车身部件（图8-41）

（五）底部车身部件（图8-42）

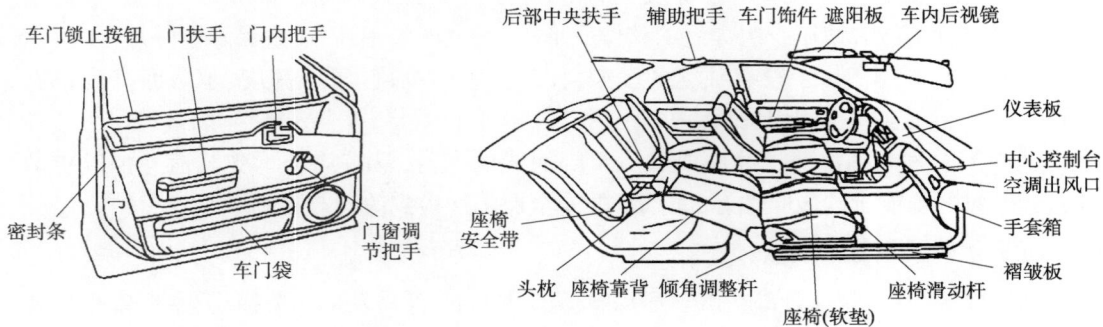

图 8-38 车身内部构件

车门锁止按钮　门扶手　门内把手

密封条

车门袋

门窗调节把手

后部中央扶手　辅助把手　车门饰件　遮阳板　车内后视镜

仪表板

中心控制台

空调出风口

手套箱

褶皱板

座椅安全带

头枕　座椅靠背　倾角调整杆

座椅(软垫)

座椅滑动杆

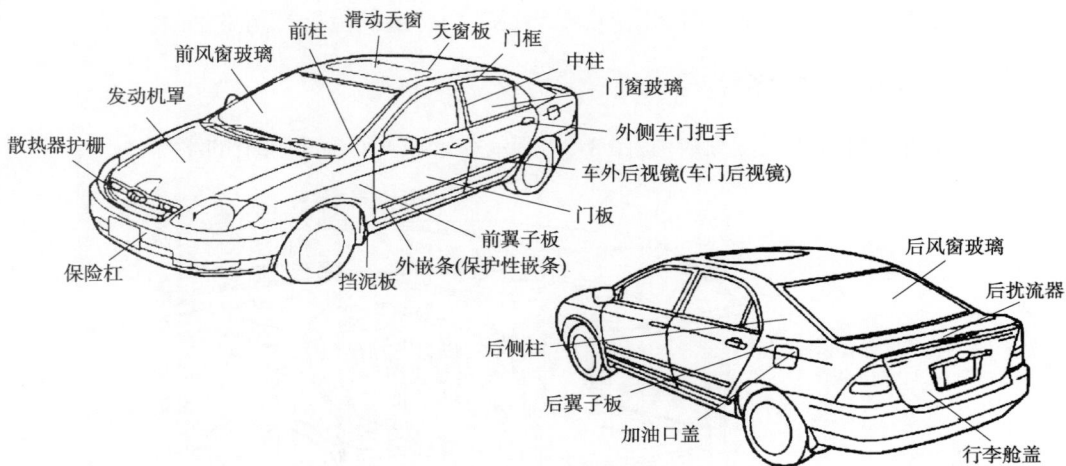

图 8-39 车身外部构件

前柱　滑动天窗　天窗板　门框

前风窗玻璃

中柱

门窗玻璃

发动机罩

外侧车门把手

散热器护栅

车外后视镜(车门后视镜)

门板

前翼子板

保险杠

外嵌条(保护性嵌条)

挡泥板

后风窗玻璃

后扰流器

后侧柱

后翼子板

加油口盖

行李舱盖

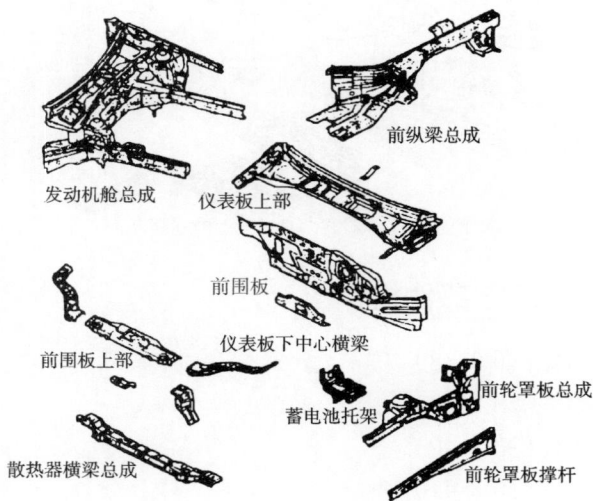

图 8-40 前部车身构件

前纵梁总成

发动机舱总成

仪表板上部

前围板

仪表板下中心横梁

前围板上部

前轮罩板总成

蓄电池托架

前轮罩板撑杆

散热器横梁总成

后上围板总成

车轮罩板内总成

尾灯壳体

中立柱内
面板总成

后侧内面板

侧面后面板

前立柱

地板侧板总成

后锁紧加强板总成

前锁紧加强板

中立柱加强板总成

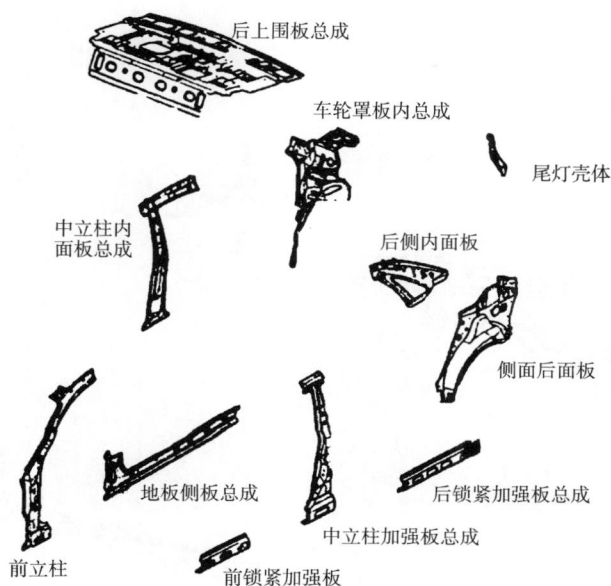

图 8-41 侧面车身构件

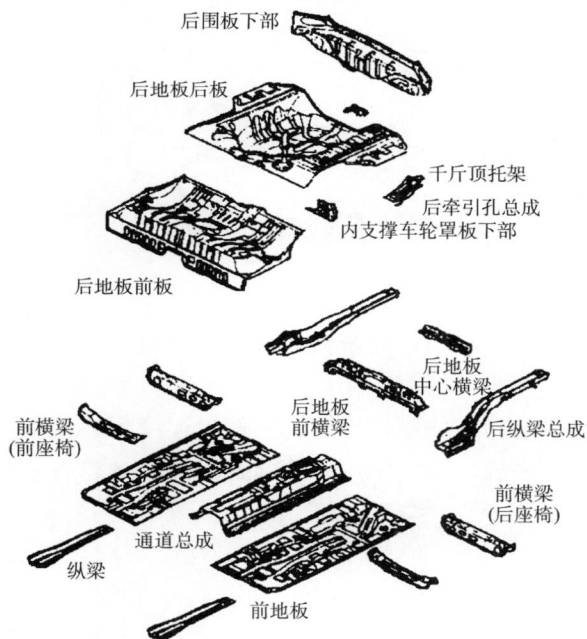

后围板下部

后地板后板

千斤顶托架

后牵引孔总成

内支撑车轮罩板下部

后地板前板

后地板
中心横梁

前横梁
(前座椅)

后地板
前横梁

后纵梁总成

通道总成

前横梁
(后座椅)

纵梁

前地板

图 8-42 底部车身构件

(六) 发动机舱盖

发动机舱盖多用高强度钢板冲压成网状骨架和蒙皮组焊而成。多数轿车还在夹层之间使用了耐热点焊胶,使之确保刚度并在其间形成良好的消声胶层。发动机舱盖通过支撑铰链固定到盖板上,如图 8-43 所示。有的发动机舱盖支撑铰链还带有平衡装置,能比较轻松地掀开。

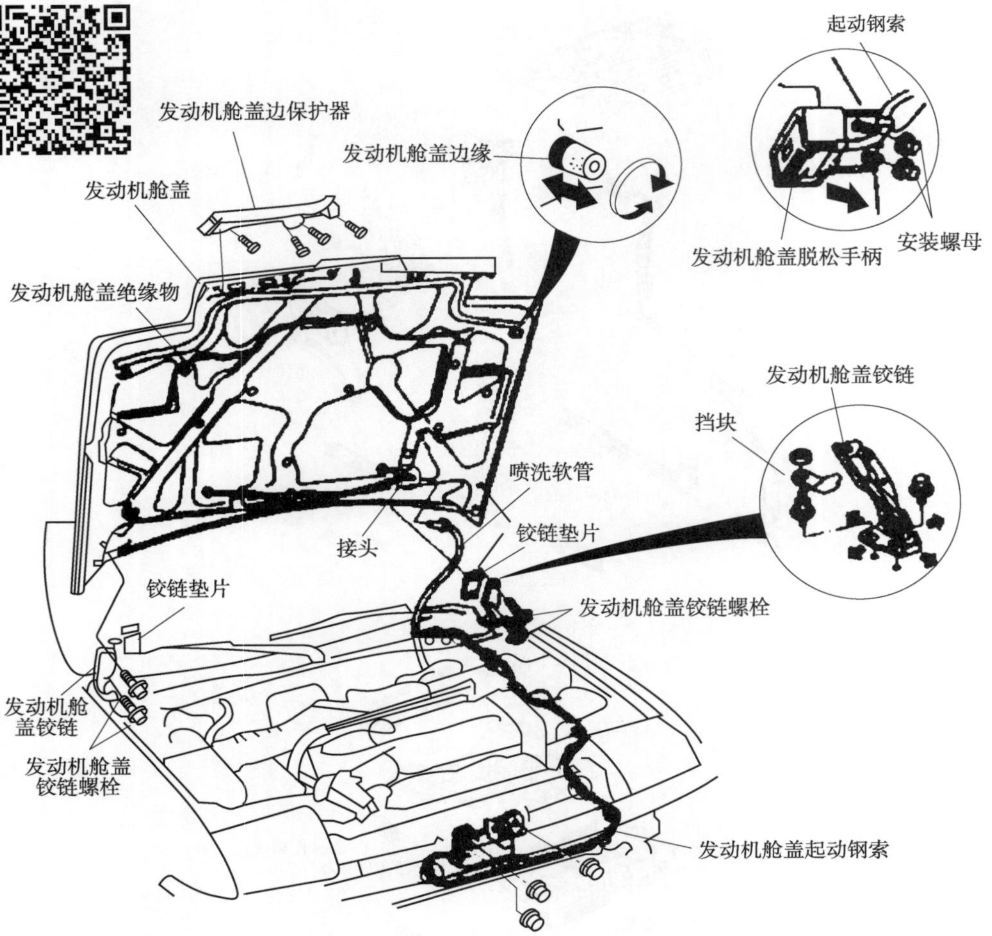

发动机舱盖边保护器

发动机舱盖边缘

起动钢索

发动机舱盖

发动机舱盖绝缘物

发动机舱盖脱松手柄

安装螺母

发动机舱盖铰链

挡块

喷洗软管

铰链垫片

接头

铰链垫片

发动机舱盖铰链螺栓

发动机舱盖铰链

发动机舱盖铰链螺栓

发动机舱盖起动钢索

图 8-43　发动机舱盖及其与车身的铰接

(七) 格栅

格栅是一件大饰件,常由几件钢件焊接或用螺栓连接起来。有些格栅是用铝合金铸成,有些则是用钢板冲压而成。格栅常用螺栓装在前挡泥板和前护板上。格栅的构造如图 8-44 所示。

(八) 嵌条

嵌条是车身内外的装饰件,除装饰功能外,有些还具有功能性作用。嵌条有各种类型和款式,图 8-45 所示为风窗玻璃装置嵌条的两种形式。用于窗门开口的嵌条称为门饰嵌条,由金属螺钉拧紧。

(九) 车身硬件与饰件

车身硬件和饰件的功能是用来隐蔽粗糙的未加工的边缘,有些则兼有功能性作用。硬件又称为车身附件,饰件又称为镶边或饰边。车身的门、窗开口以及其他开口或板件边缘都很有装饰作用,外部的装饰条和车内的一些软饰均称为饰件。饰件通过连接件、扣件和压件安装在车身内外。轿车车身上常见的连接件和扣件的类型如图 8-46 所示。

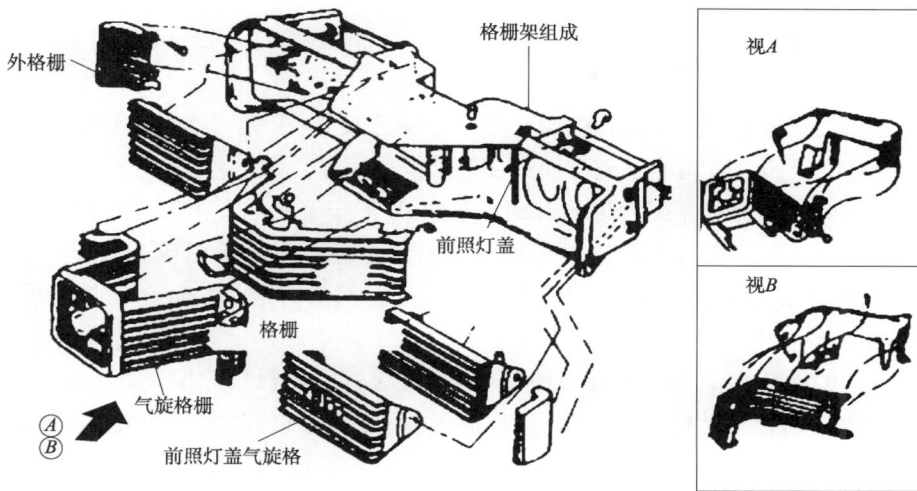

外格栅

格栅架组成

前照灯盖

格栅

气旋格栅

前照灯盖气旋格

视A

视B

图 8-44　格栅的构造

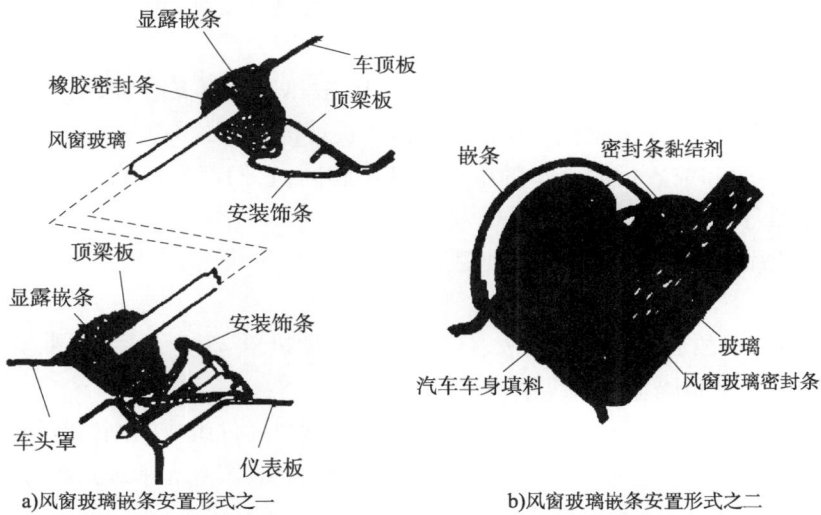

显露嵌条

橡胶密封条

风窗玻璃

车顶板

顶梁板

安装饰条

顶梁板

显露嵌条

安装饰条

车头罩

仪表板

嵌条

密封条黏结剂

汽车车身填料

玻璃

风窗玻璃密封条

a)风窗玻璃嵌条安置形式之一

b)风窗玻璃嵌条安置形式之二

图 8-45　各种嵌条的构造

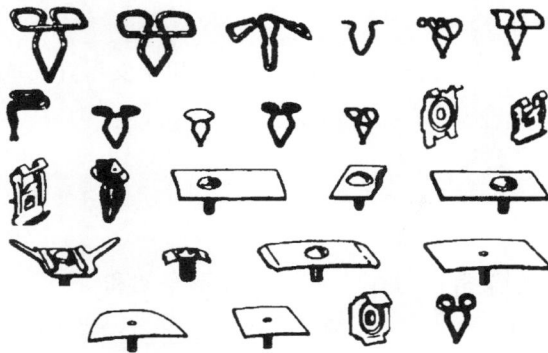

图 8-46　轿车车身上常见的连接件和扣件

127

单元小结

（1）车架是非承载式车身的基础,它是一个高强度构架,是一个独立的部件,车身和发动机、变速器、悬架、转向等总成都固定在车架上。

（2）非承载式车身的车架常见的有梯形车架,X形车架和框形车架等几种。

（3）非承载式的前车身由散热器支架、前翼子板和前挡泥板等组成。

（4）乘坐室和行李舱焊接在一起构成主车身,它们由围板、地板、车顶板和后盖板等组成。

（5）现在的承载式车身结构有三种基本类型:前置发动机后轮驱动(简称前置后驱,可用FR表示);前置发动机前轮驱动(简称前置前驱,可用FF表示)和中置发动机后轮驱动(简称中置后驱,可用MR表示)。

（6）前置后驱(FR)的车身被分为三个主要部分:前车身,中车身(乘坐室),后车身。

（7）前置后驱的前车身由前横梁、前悬架横梁、散热器支架、前挡泥板、前围板、前围上盖板及前纵梁等构成。

（8）前置前驱的前车身由发动机罩、前翼子板、散热器上下支架、散热器侧支架、前横梁、前纵梁、前挡泥板和用薄钢板冲压成型的前围板等构成。

（9）前置前驱和前置后驱汽车的中车身基本相同,它们都是由地板、地板主纵梁、加强梁、地板横梁等组成。

（10）中置后驱的前车身安装有前悬架、转向操作系、散热器和空气冷凝器等机械部件。

（11）中置后驱的后车身由后侧板、行李舱盖、发动机罩、车身下后板、乘坐室隔板、乘坐室分隔横梁、后地板隔板和后纵梁等组成。

（12）车身是汽车四大组成部分之一。是由各种承力元件组成的刚性空间结构。

（13）按承载受力形式可分为:非承载式车身、半承载式车身和承载式车身等三类。

（14）承载式车身又称为整体式车身,车身代替车架来承受全部载荷。

（15）车身硬件和饰件的功能是用来隐蔽粗糙的未加工的边缘,有些则兼有功能性作用。硬件又称为车身附件。

（16）发动机罩多用高强度钢板冲压成网状骨架和蒙皮组焊而成。

思考与练习

(一)填空题

1.非承载式车身的车架常见的有_____、X形车架和_____等几种。

2.非承载式的前车身由_____、前翼子板和_____等组成。

3.乘坐室和行李舱焊接在一起构成主体车身,它们由_____、地板、_____和后盖板等组成。

4. 现在的承载式车身结构有三种基本类型:前置发动机后轮驱动简称前置后驱,可用_____表示;前置发动机前轮驱动简称_____,可用_____表示和中置发动机后轮驱动简称_____,可用 MR 表示。

5. 前置后驱的前车身由_____、前悬架横梁、_____、_____、前围板、前围上盖板及_____等构成。

6. 前置前驱和前置后驱汽车的中车身基本相同,它们都是由地板、_____、加强梁、_____等组成。

7. 中置后驱的前车身安装有前悬架、_____、散热器和_____等机械部件。

8. 车身按承载受力形式可分为:非承载式车身、_____和_____等三类。

9. 承载式车身又称为_____,车身代替车架来承受全部载荷。

10. 发动机罩多用高强度钢板冲压成网状骨架和_____组焊而成。

(二) 简答题

1. 怎么减小空气对汽车产生的阻力?

2. 非承载式车身的优缺点是什么?

3. 承载式车身的优缺点是什么?

单元九　焊接图与展开图

学习目标

1. 理解:焊接的种类;
2. 掌握:保护焊接的分类和方法;
3. 熟悉:焊接的优点和缺点。

建议课时

6课时。

课题一　焊　接　图

一　焊接的种类

按照焊接过程的物理特性不同,焊接方法可归纳为三大类,即熔化焊、压力焊和钎焊。

(一)熔化焊

熔化焊是将被焊金属在焊接部位加热到熔化状态,并向焊接部件加入熔化状态的填充金属(焊条),冷凝以后,两块被焊件即形成整体的焊接方法。根据熔化方式不同,熔化焊又分成电弧焊、气焊、电渣焊、等离子焊等四种方法。其中电弧焊、气焊在汽车修理中使用最多。

(二)压力焊

用电极对金属焊接点加热使其熔化并施加压力,使之焊接在一起的方法称为压力焊。各种压力焊中,电阻焊的点焊方法在汽车制造业中是不可缺少的(如车身点焊)。因为点焊不会使焊件产生变形,在汽车修理中获得广泛应用。

(三)钎焊

钎焊是采用熔点低于母材的钎料(钎焊填充材料)加热熔化滴在焊接区域,将工件焊接成一体的焊接方法,如铜焊、锡焊。由于钎焊时,工件受热的温度低于工件材料的熔点,不影响工件的整体形状,被广泛用于对散热器、油箱等修理作业中。

气焊和手工电弧焊是传统的焊接方式。在现代轿车的制造和修理业中,传统的焊接工艺已经不能满足新的要求。例如,汽车上使用新型的合金钢、高强度钢、低合金钢的车身构件和加强筋、支架及底座等的焊接都不能用传统的电焊、气焊,而要采用气体保护焊。图9-1所示为车身各部位使用的不同焊接方法。

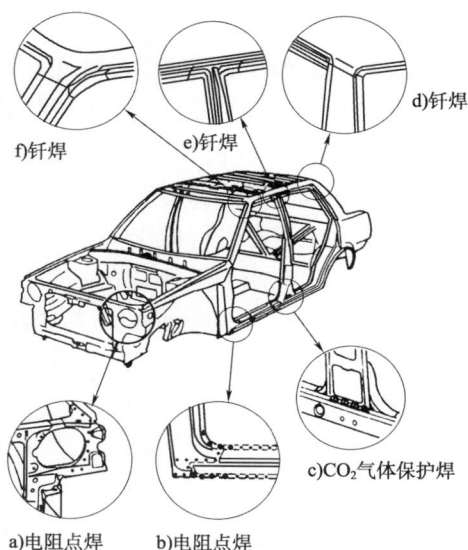

d)钎焊
e)钎焊
f)钎焊
c)CO$_2$气体保护焊
a)电阻点焊　b)电阻点焊

图9-1　车身各部位使用不同的焊接方法

二　气体保护焊接分类

(一)钨极氩弧焊

❶ 钨极氩弧焊的原理及特点

钨极氩弧焊是利用惰性气体(氩气)保护的一种电弧焊接方法。焊接过程如图9-2所示。从喷嘴中喷出的氩气在焊接区形成一个厚而密的气体保护层隔绝空气,在氩气层流的包围之中,电弧在钨极和工件之间燃烧,利用电弧产生的热量熔化母材和填充焊丝,冷却凝固后形成焊缝,把两块分离的金属连接在一起,从而获得牢固的焊接接头。

❷ 手工钨极氩弧焊工艺参数

(1)气体保护效果参数。如图9-3所示。进行氩弧焊时,由于氩气保护层是柔性的,故极易受到外界因素扰动而遭破坏,其保护效果主要与下列参数有关。

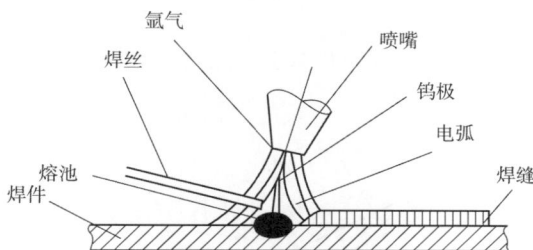

氩气　喷嘴
焊丝　钨极
电弧
熔池
焊件　焊缝

图9-2　手工钨极氩弧焊示意图

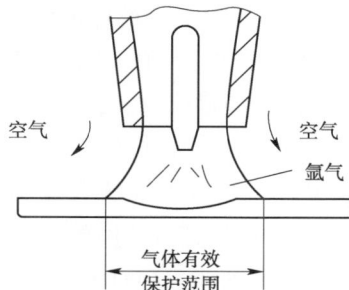

空气　空气
氩气
气体有效保护范围

图9-3　气体保护作用

①气体流量。气体流量过小或过大,都会降低保护效果。直径在12～20mm的喷嘴,合适的氩气流量为7～8L/min。

②喷嘴直径。保护区大小与喷嘴直径和气体流量有关,喷嘴直径过大,则某些焊缝位

置不易焊到或妨碍焊工视线。喷嘴直径以 8~20mm 为宜。

③喷嘴至焊件的距离。喷嘴距离焊件越远,则保护效果越差;反之,过近会影响焊工视线,操作不便。焊接时,喷嘴至焊件的距离以 5~15mm 较为适宜。

④焊接速度与外界气流。焊接速度过快,受空气阻力影响,或者遇到侧向气流侵袭,保护层可能偏离钨极和熔池,从而使保护效果变差,所以应选用合适的焊接速度,同时氩弧焊也不宜在室外进行操作。

⑤焊接接头形式。不同的接头形式会使气体产生不同的保护效果,如图 9-4 所示。焊接对接和 T 形接头时,因氩气被挡住反射回来,所以保护效果较好;搭接接头和角接接头,因空气易侵入电弧区,故保护效果较差。若要改进保护条件,可安放临时性的挡板,如图 9-5 所示。

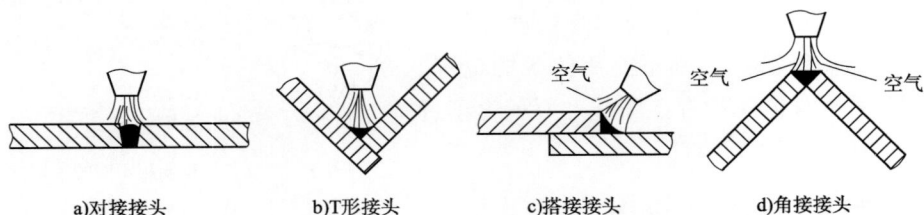

a)对接接头　　　　b)T形接头　　　　c)搭接接头　　　　d)角接接头

图9-4　接头形式的氩气保护效果

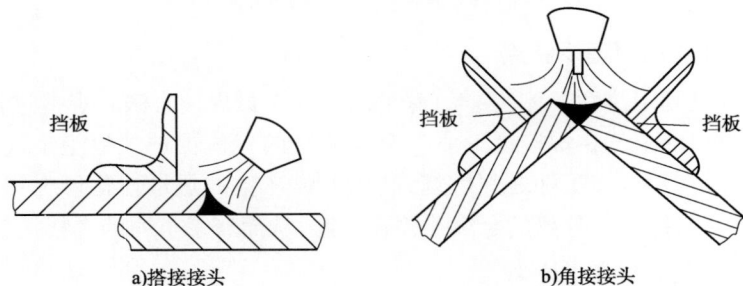

a)搭接接头　　　　b)角接接头

图9-5　手工钨极氩弧焊的临时挡板

⑥被焊金属材料。对于氧化与氮化非常敏感的金属及其合金(如钛和钛合金等),进行氩弧焊时要求有更好的保护效果。具体措施是:加大喷嘴直径,采用拖罩以增大保护区域以及采用特殊装置对焊缝正反面进行保护。

(2)此外,焊接电流、电弧电压、焊枪倾斜角度、填充焊丝送入情况等对保护效果均有一定的影响。为了得到质量令人满意的焊缝,在焊接时应综合考虑这些因素。

❸ 手工钨极氩弧焊操作技术

(1)焊丝、焊枪与焊件之间的角度。用手工钨极氩弧焊焊接时,焊枪、焊丝与焊件之间必须保持正确的相对位置,即平焊位置。手工钨极氩弧焊焊枪、焊丝与焊件的角度如图 9-6 所示。

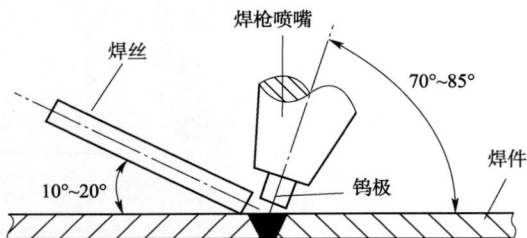

图9-6　平焊时焊枪、焊丝与焊件的角度

焊枪与焊件的夹角过小,会降低氩气的保护效果;夹角过大,操作及添加焊丝比较困难。焊接环缝时焊枪、焊丝与焊件的角度及焊接角焊缝时的角度如图9-7所示。

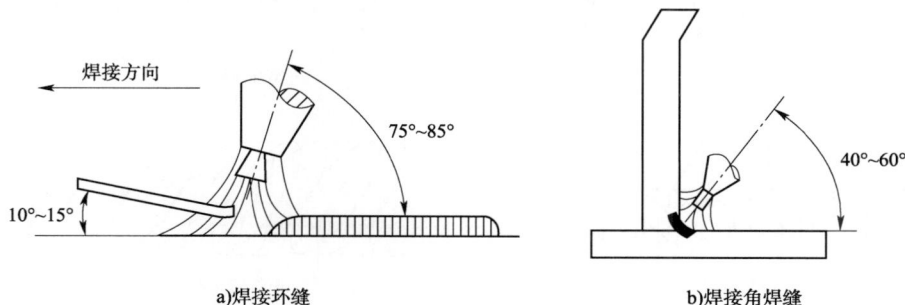

a)焊接环缝　　　　　　　　　　　　　b)焊接角焊缝

图9-7　焊接环缝和角焊缝时焊枪、焊丝与焊件的角度

(2)焊枪的运行形式。手工钨极氩弧焊的焊枪一般只作直线移动,同时焊枪的移动速度不能太快,否则会影响氩气的保护效果。

①直线移动。直线移动有三种方式:直线匀速移动、直线断续移动和直线往复移动。

②横向摆动。横向摆动是为满足焊缝的特殊要求和不同接头形式而采取的小幅摆动,常用的有三种形式:圆弧之字形摆动、圆弧之字形侧移摆动和r形摆动。

圆弧之字形摆动时焊枪横向画半圆,呈类似圆弧之字形往前移动,如图9-8a)所示,适用于大的T形接头、厚板的搭接接头以及中厚板开坡口的对接接头。

圆弧之字形侧移摆动是焊枪在焊接过程中不仅画圆弧,而且呈斜的之字形往前移动,如图9-8b)所示,适用于不平齐的角接头。

r形摆动是焊枪的横向摆动呈类似r形的运动,如图9-8c)所示,适用于不等厚板的对接接头。

a)圆弧之字形摆动　　　　　b)圆弧之字形侧移摆动　　　　　c)r形摆动

图9-8　手工钨极氩弧焊焊枪横向摆动示意图

(二)二氧化碳保护焊

❶ 基本操作技术

(1)引弧。二氧化碳气体保护焊一般采用直接短路接触法引弧。引弧前应调节好焊丝的伸出长度,使焊丝端头与焊件保持2~3mm的距离,选好适当的位置;起弧后要灵活掌握焊接速度,以避免焊缝起弧处出现未焊透、气孔等缺陷。

(2)熄弧。在焊接结束时,不要突然断电,在弧坑处稍做停留,然后慢慢地抬起焊枪,这样可使弧坑填满,并使熔池金属在未凝固前仍受到良好的保护。

(3)运丝方式。运丝方式有直线移动法和横向摆动法。直线移动法即焊丝只作直线运动不作摆动,焊出的焊道稍窄。横向摆动运丝是在焊接过程中,以焊缝中心线为基准做两侧的横向交叉摆动。常用的方式有:锯齿形、月牙形、正三角形、斜圆圈形等,如图9-9所示。

a)锯齿形　　　　　　　　　　　　　　　　　b)月牙形

c)三角形　　　　　　　　　　　　　　　　　d)斜圆圈形

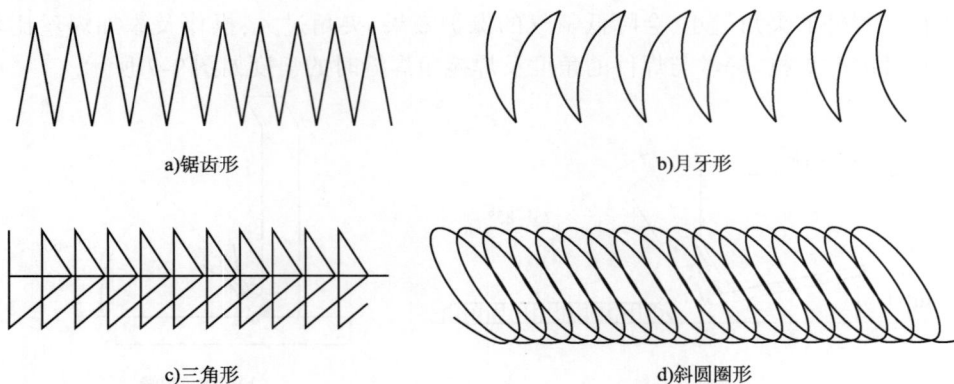

图9-9　二氧化碳保护焊焊枪横向摆动方式

2 焊接的方法

（1）平焊。平焊时一般采用左焊法。薄板焊接时焊枪作直线移动。中厚板 V 形坡口的打底层焊接采用直线移动方式，焊以后各层时焊枪可作适当的横向摆动，但幅度不宜过大，以免影响气体的保护效果。

（2）立焊。立焊是指处于立面上的垂直焊缝的焊接。立焊有两种方式，一种是热源自下向上进行的焊接，即向上立焊；一种是热源自上向下的焊接，即向下立焊。焊接角度如图9-10 所示。

（3）横焊。横焊是指在焊接的立面或倾斜面上做横向运动的焊接。横焊时，由于熔池金属受重力作用下淌，容易产生咬边、焊瘤和没焊透等缺陷，因此需采用细丝短路过渡的方式焊接，焊枪的角度如图9-11 所示。

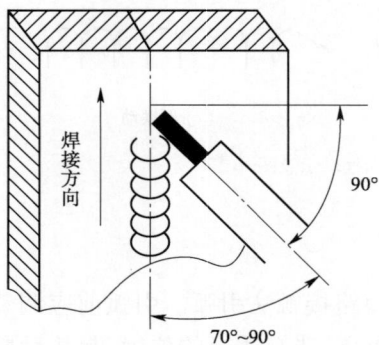

图9-10　向上立焊的焊枪角度

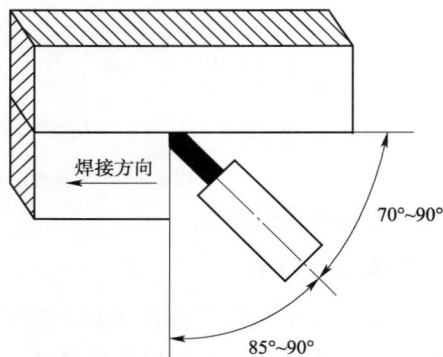

图9-11　保护焊横焊的焊枪角度

（4）焊接方向。气焊按熔焊走向也可分为左向焊［图9-12a）］和右向焊［图9-12b）］。

右向焊优于左向焊，主要体现在：火焰指向焊缝，能很好地保护熔池的金属，它受周围空气的影响较小，焊缝冷却缓慢；由于热量集中，钢板的坡口角度可以适当开得小一些，焊件的收缩量和变形均有所减少；火焰对焊缝能起焊后回火的作用，使焊件冷却缓慢，所以组织细密，质量优良；热利用率高，可节约燃气消耗并提高焊接速度。缺点是技术难度较大，非熟练人员不易掌握，左向焊则与此相反，只是火焰指向坡口的前方而起一定的预热作用。

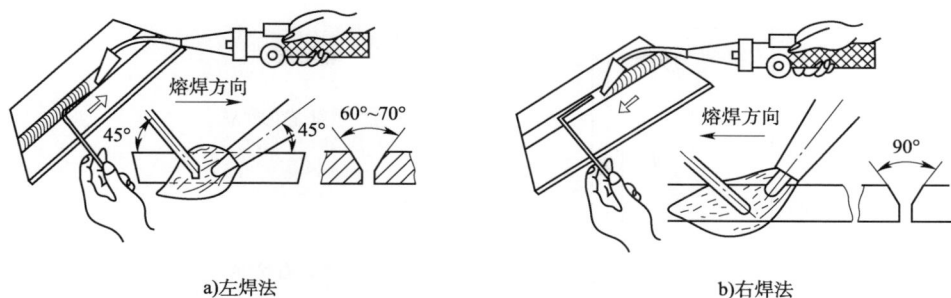

a)左焊法　　　　　　　　　　　　　　b)右焊法

图9-12　焊接的操作

（5）焊丝运动方式。选择何种焊丝与焊枪的运动方式，主要与焊缝状态、空间位置、焊件厚度和焊缝尺寸的大小有关，其目的在于使焊缝金属熔透又不至于将焊件烧穿；搅动熔池使各种非金属夹杂物及气体从熔池中排出，通常应用的运动方式如图9-13所示。

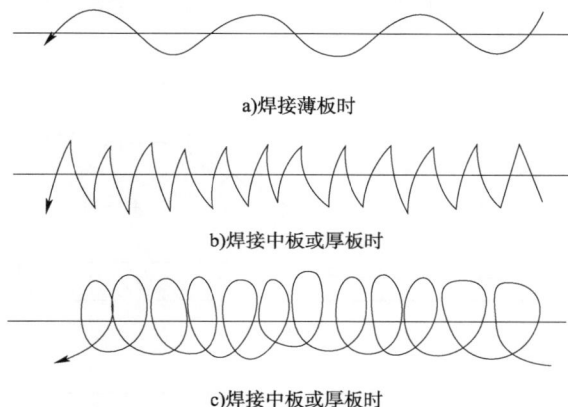

a)焊接薄板时

b)焊接中板或厚板时

c)焊接中板或厚板时

图9-13　焊枪和焊丝的运动方式

❸ 气焊空间位置的焊接方式

根据焊件的使用要求，常见的气焊焊件连接方式有对接、搭接、角焊和T形焊四种。

（1）对接焊。对接焊（也称平焊）是气焊中最普通和钣金修复中最常见的一种方法，将两块金属板以对接方式连接在一起。焊接时应预先留出相当于板厚的间隙，使用中性焰先加热焊缝一端的边缘，待边角开始熔化时将焊丝加入焊缝将一端固定；用同样方法连接焊缝的另一端。这种临时性定位焊也称"暂焊"，主要用于固定对接金属板的相对位置（图9-14）。如果焊缝较长时，还应采取分段方法"暂焊"。火焰的位置应环绕在焊丝的前沿，及时熔化它可以使焊丝连续不断地填入熔池，焊接品质和工作效率都可以相应得到提高（图9-15）。焊后应检查焊缝的质量，如焊接波纹是否连贯、平顺，是否有焊透或假焊等焊接缺陷。

（2）搭接焊。通常用于金属板的搭接或在锈蚀的工作面上补片（图9-16）。搭接焊使用中性焰，焊前同样需要用"暂焊"方法将其固定，施焊过程中将焰心离开上板6mm左右，这样可使下板得到更多的加热机会。当熔池形成后再以焰心靠近上板并加入焊丝。焊丝的位置应靠近上板并在火焰与上板之间移动，焰心则应指向下板。

"暂焊"的间隔

"暂焊"的焊点

#2
#4
#3
#5
#1

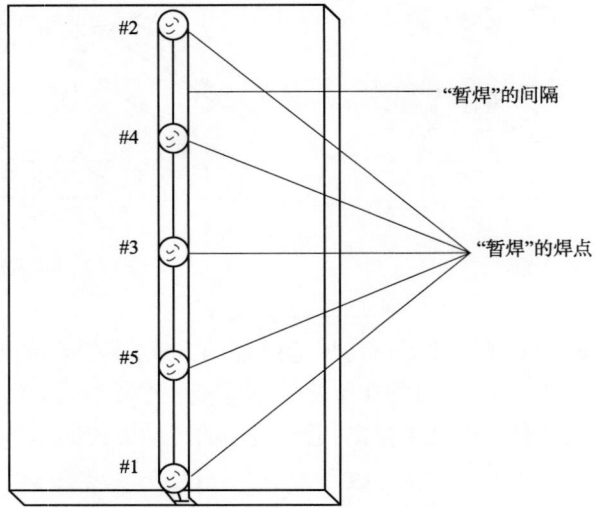

图9-14　按一定间隔"暂焊"

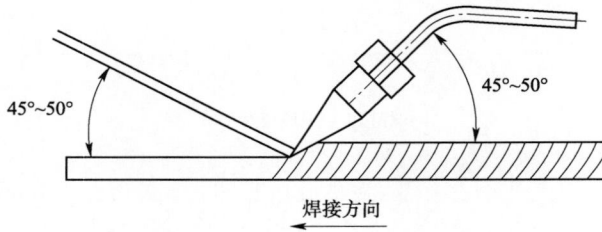

45°~50°
45°~50°

焊接方向

图9-15　对接焊的操作

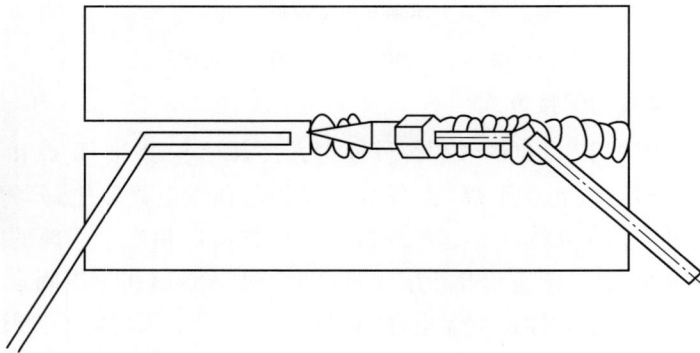

图9-16　搭接焊的操作

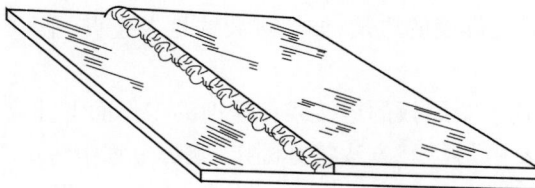

搭接焊需要填充更多的焊丝,并且有条件形成充足的焊缝,由此可以获得比其他方式更可靠的焊接强度。为了避免搭接造成金属板的膨胀变形,有条件时应有针对性地采取图9-17所示的抑制膨胀变形的方案,这样可以减少焊后由热影响引起的翘曲变形。

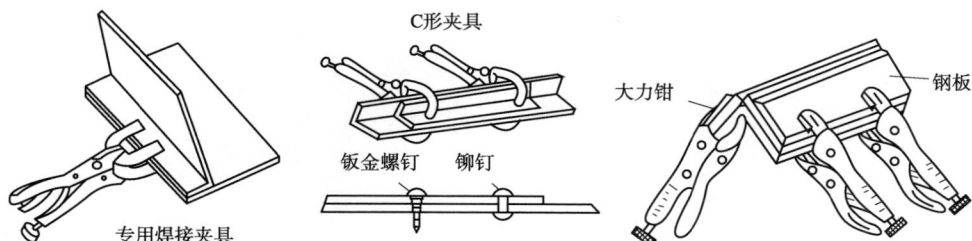

图9-17 控制搭接焊变形的固定方法

(3)角焊和"T"形焊。角焊和 T 形焊的连接方式基本相同,焊接以垂直或以一定角度连接件的焊接(图9-18)。进行角焊和 T 形焊时也要以一定间隔"暂焊",可以省略施焊过程中的预热操作,从开始到结束可一次性连续完成。角焊和 T 形焊比搭接焊容易些,主要在于两焊件的受热比较均匀,熔池的形成比较容易。

(4)立焊。立焊时,熔池内呈液态的金属容易下淌,使焊缝的形成比较困难。

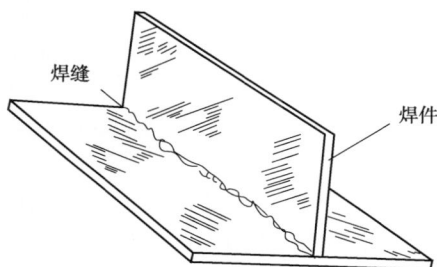

图9-18 T形焊接

其操作要领为焊接方向与夹角。为避免熔化的金属下淌和形成良好的焊缝,焊接火焰应向上倾斜并与焊件形成60°的夹角(图9-19)。同时,为防止熔池内的金属过多,施焊过程中少加焊丝并采取较通常状态下15%左右的火焰能率。

(5)横焊。横焊的操作(图9-20)比较困难,因为横向焊缝容易造成熔池金属下淌,同时使焊缝上侧形成咬边,在下侧形成焊瘤和假焊等缺陷(图9-21)。

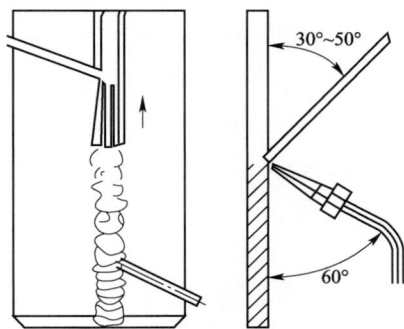

图9-19 立焊的操作

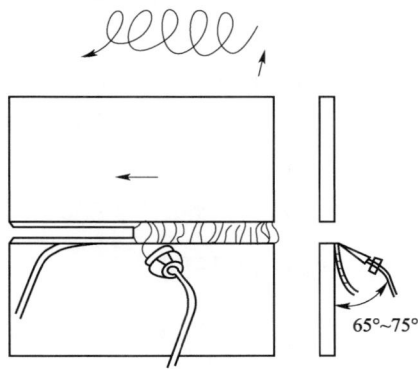

图9-20 横焊的操作

(6)仰焊。仰焊(图9-22)作业的难度较大,一方面熔池金属易滴落,另一方面是劳动条件差、生产效率低。

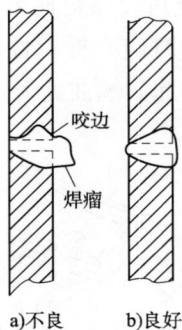

图 9-21　横焊形成的缺陷

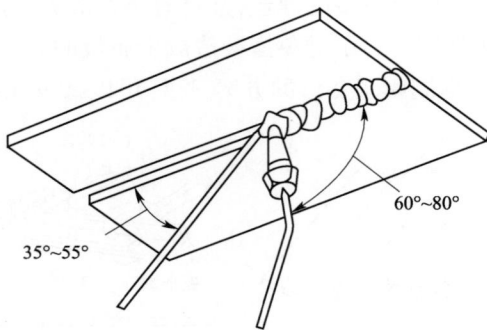

图 9-22　仰焊的操作

35°~55°

60°~80°

a)不良　　b)良好

课题二　钣金展开图

在汽车的设计与制造中,经常会遇到一些用金属板材制成的零件,称为钣金件。钣金件一般都是用薄钢板卷制或压制而成的,如圆管形、圆锥形制件等。制造钣金件,一般要经过放样(即在金属板材上,按实际尺寸画出它们的展开图)、切割下料、弯曲成形、焊接或铆接等一系列工序。

将立体表面按其实际形状和大小,依次摊平在一个平面上,称为立体表面展开(图9-23)。展开后所得的图形,称为立体的表面展开图。因此,立体表面展开的问题,实质上就是求出立体表面的实形。在绘制表面展开图时,根据这一原理,通常采用图解法和计算法。

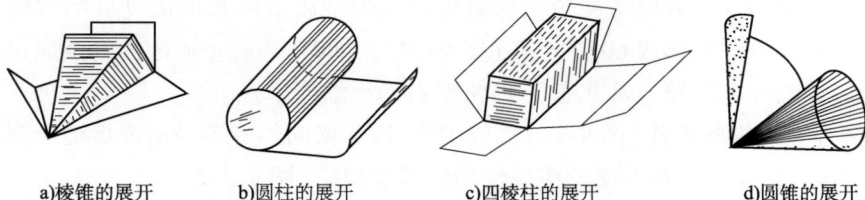

a)棱锥的展开　　　　b)圆柱的展开　　　　c)四棱柱的展开　　　　d)圆锥的展开

图 9-23　几种基本几何体的展开

用图解法绘制表面展开图,精确度虽低于计算法,但已能满足生产要求,而且,在多数情况下,展开过程较为简便,在生产中已得到广泛应用。对于计算法,多用于不便于使用图解法的大型钣金件的展开。另外,若能给出展开所得直线或曲线的方程式(或曲线上一系列点的坐标值),还可以利用计算机控制机床,进行自动画线与下料。

一　圆管制件展开图

对于圆柱类零件,由于圆柱表面具有平行的素线,通常采用平行线法作展开图。

1　直圆管展开图画法

直圆管的展开图是一个矩形,其表面积等于断面长度与管长的乘积,如图9-24所示。要画其展开图,先做出投影图,一般是反映零件的主要特征的主视图,再附以截面图或俯视图。用平行线法作零件展开图,其实质就是将平行的柱面素线平摆在一个平面上,如图9-25所示。按展开图下料后,即可卷成圆管。

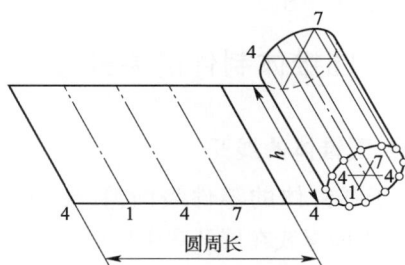

图9-24 圆管展开图

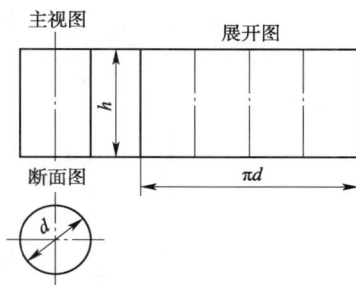

图9-25 圆管的投影图和展开图

2 圆管接头展开图画法

两节等直径圆管直角弯头:图9-26所示为两节等直径圆管直角弯头的投影图。因两圆管的结合线为一直线,所以两圆管接头处的平面展开图形状是一样的,故只对其中一节圆管进行展开即可。

现以一节圆管展开图为例,说明它的画法(图9-27)。

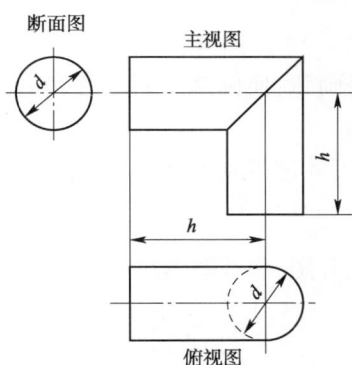

图9-26 等直径圆管直角弯头投影图

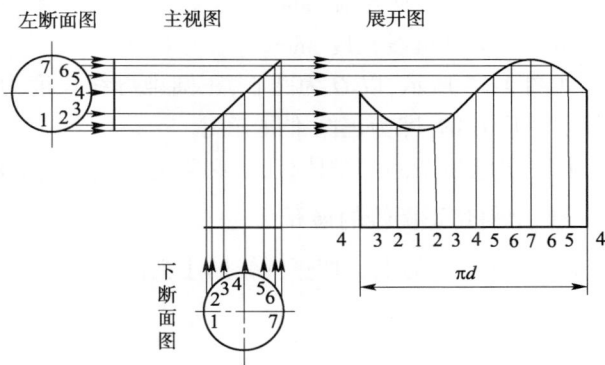

图9-27 两节圆管直角弯头的主视图、断面图和展开图

(1)将断面图上半圆周6等分,其分点为1、2、3、4、5、6、7。

(2)由各等分点向上引垂直线,与主视图结合线相交,即得各分点对应的弯管表面素线的高度。

(3)在主视图底边的延长线上截取12等分,使全长等于断面图的圆周长(πd)。

(4)由各等分点向上引垂线,并与主视图结合线上各点向右引的水平线对应相交,得到一系列的交点。

(5)最后把这些交点连接成一条光滑的曲线,则所围成的封闭曲线即为一节圆管的展开图。

用"半圆法"作展开图:如果已掌握了作直角弯管接头展开图的画法,在展开时可以采用较简便的"半圆法",如图9-28所示。

(1)先根据接头所需的最大材料画出矩形,在对应圆管周长的边上作12等分。

（2）此等分点与半圆周上的各点对应得到一系列交点。

（3）依次连接各交点成曲线，所得轮廓即为弯管接头的展开图。

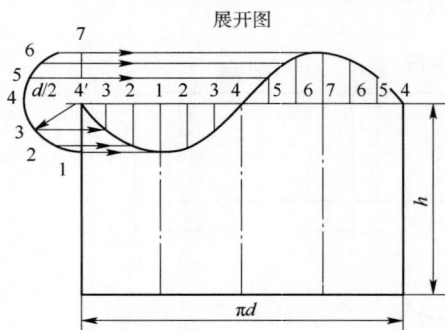

图 9-28　两节圆管接头展开图的做法

二　圆锥体制件的展开放样

1　圆锥体的展开

对于圆锥体的零件表面，其展开图形状呈扇形，锥体表面素线在展开图中呈放射线状，故把此形状板件的展开方法称为放射线法。

形状规则的正圆锥形板件，其展开图是规则的扇形，这个扇形的圆弧半径等于圆锥母线的长度，其圆心角可通过下式确定。

$$\frac{\alpha}{360°} = \frac{\pi d}{2\pi R}$$

即

$$\alpha = 180° \times \frac{d}{R}$$

式中：d——圆锥底圆半径，mm；

R——圆锥母线长度，mm。

如图 9-29 所示，以 O 为圆心，正圆锥母线长度为半径画弧，使圆弧所对圆心角 α，得一封闭图形 OAB，即为正圆锥展开图。

对于形状复杂的圆锥体板件，必须通过适当的方法展开才能得到准确的展开图。

2　上斜切正圆锥的展开

图 9-30 所示为上斜切正圆锥的主视图、断面半圆和展开图，展开图做法如下。

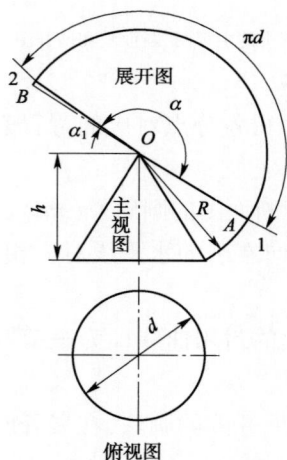

图 9-29　正圆锥的展开图

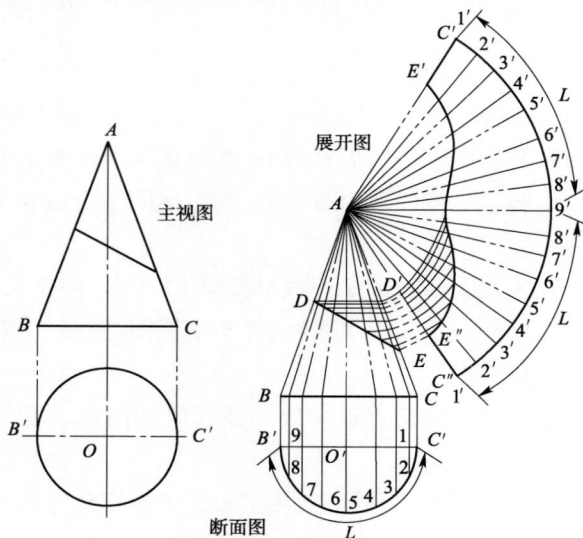

图 9-30　上斜切正圆锥的投影图和展开图

（1）8 等分断面图半圆周，等分点 1，2，3，…，9。

（2）由各等分点向主视图底边 BC 引垂线，将各垂足与顶点连成放射线，并分别与切面线 DE 相交。

（3）以 A 为圆心，以 AC 为半径画圆弧 $C'C''$ 使弧长等于底面圆周长。

（4）将圆弧 $C'C''$ 16 等分，得等分点 $1',2',3',…,9',…,2',1'$，连接各分点与 A 点得线段。

（5）由切面线 DE 上各分点作水平线与线段 AC 相交，得一系列交点。

（6）以 A 为圆心，以 A 点到 AC 线段各分点距离为半径画弧，与展开图上对应的放射线相交得相应的交点。

（7）用曲线顺次连接各交点，所围面的封闭图形 $C'E'E''C''$ 即为所求的展开图。

三　圆环面的近似展开

圆环面近似展开的方法是过圆环回转轴作若干平面，把圆环截切成相同的几段，再把每段按截头圆柱面进行展开，即得圆环面的近似展开图。

如图 9-31b）所示的圆环形直角弯管，理论上是 1/4 圆环（双点画线表示）。每段均用等直径的圆柱（粗实线表示）替换后，即可按截头圆柱面进行展开，其中Ⅰ、Ⅱ两段的展开结果，已在图中表示出来。

设每个半段对应的圆心角为 α，分段数为 n（包括整段与半段，如图中分 4 段），则 $\alpha = 90°/2(n-1)$，即 α 角仅与分段多少有关。因为，每个半段所对应的圆心角相等，故将各段按一正一反拼合，必为一个正圆柱[图 9-31c）]。显然，1/4 圆环的近似展开图，可以拼合成一个矩形，如图 9-31d）所示。采用这种方式画出的展开图，不仅能节约材料，而且可以减少下料时沿曲线切割的次数。

可以看出，分段越多，则制成品越接近圆环形。在实际工作中，只需绘出一条曲线并制成样板，其余曲线就可以依照样板绘制。还应指出，分段时均应取一半段，这不仅能使展开图得到矩形，而且可使制成品首末两端为圆形，以便于和其他圆口管道连接。

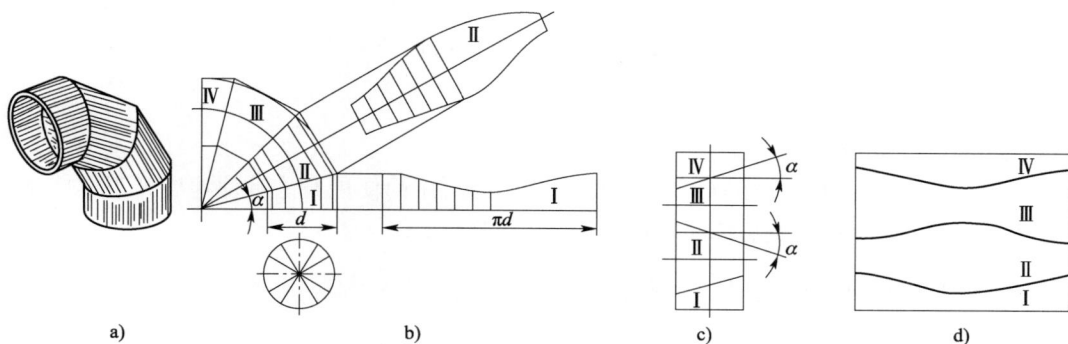

图 9-31　圆环面的展开

四　正螺旋面的近似展开

正螺旋面在工程中应用较广，当制造带有正螺旋面的设备（如螺旋输送器）时，往往需要画出它的展开图。下面介绍两种常见的近似展开法。

❶ 三角形法

图9-32a)所示为一正螺旋面,在其投影图[图9-32b)]中,把一个导程内的正螺旋面用素线等分为若干个近似于四边形的曲面,再把每块小曲面用对角线分成两个小三角形曲面(图中分成24个小三角形),然后把每个小三角形曲面看作平面进行展开。如图9-33b)中的四边形 $EFLK$,其中 EK 边为侧垂线,FL 边为水平线,其水平投影均反映实长。再用直角三角形法求出 EF 弦、KL 弦及 EL 线段的实长,即可作出四边形 $EFLK$ 的实形[图9-33c)]。依次重复画出其余11块四边形后,将内、外圆上各点 K、L、M…与 E、F、G…分别连成光滑曲线,即得一有缺口的环形面,这就是一个导程内的正螺旋面的近似展开图。

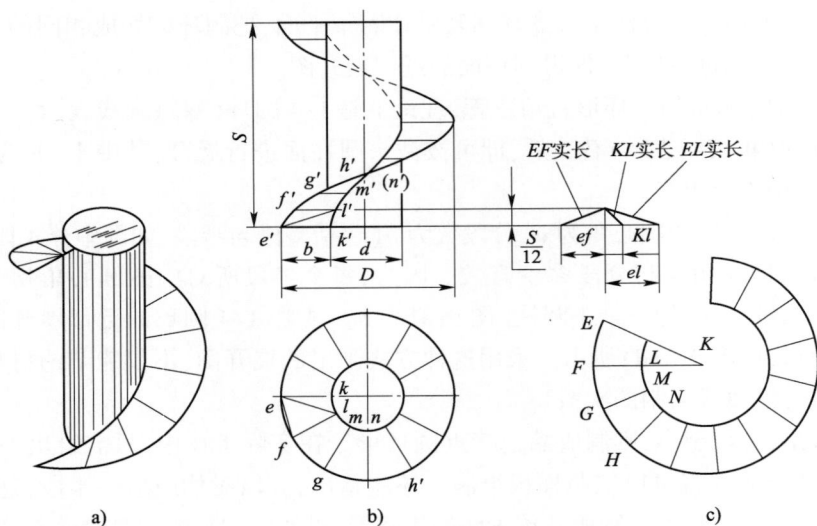

图9-32 三角形法展开正螺旋面

这种方法作图较烦琐,它除了适用于正螺旋面外,还适用于斜螺旋面等其他直线螺旋面的展开。

❷ 简便展开法

若已知正螺旋面的外径 D、内径 d 及导程 S,即可用简便展开法近似地展开正螺旋面。这种方法不需要画出正螺旋面投影图,其作图步骤如下:

(1)作直角三角形求出内、外螺旋线半个导程内的实长 $\frac{l}{2}$ 与 $\frac{L}{2}$ [图9-33a)]。

(2)作一直角梯形 $EFGH$,取 $EF = \frac{L}{2}$,$HG = \frac{l}{2}$,$FG \perp EF$ 且 $FG = \frac{D-d}{2} = b$(b 即正螺旋面宽度),如图9-33b)所示。

(3)延长 EH 与 FG 两边交于 K,便构成直角三角形 EFK。

(4)以 K 为圆心,KF 为半径画圆,在圆周上量取弧 FM 等于 L,并连接 KM;再以 KG 为半径画同心圆,交 KM 于 N,则环形面 FGNM,即为所求得展开图。

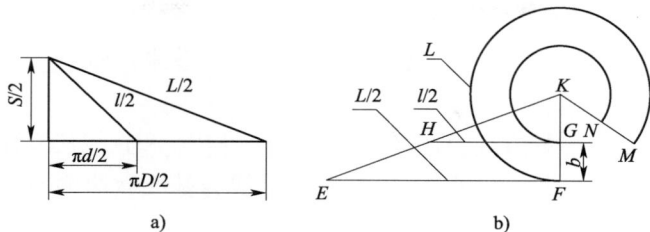

图 9-33　简便展开法展开正螺旋面

单元小结

(1)按照焊接过程的物理特性不同,焊接方法可归纳为三大类,即熔化焊、压力焊和钎焊。

(2)根据熔化方式不同,熔化焊又分成电弧焊、气焊、电渣焊、等离子焊等四种方法。

(3)立焊是指处于立面上的垂直焊缝的焊接。

(4)横焊是指在焊接的立面或倾斜面上做横向运动的焊接。

(5)根据焊件的使用要求,常见的气焊焊件连接方式有对接、搭接、角接和 T 形焊四种。

(6)搭接焊也称角焊,通常用于金属板的搭接或在锈蚀的工作面上补片。

(7)气焊空间位置的焊接方式:对焊、搭接焊、角焊和"T"形焊、立焊、横焊、仰焊。

(8)在汽车的设计与制造中,经常会遇到一些用金属板材制成的零件,称为钣金件。

(9)钣金件一般都是用薄钢板卷制或压制而成的,如圆管形、圆锥形制件等。

(10)将立体表面按其实际形状和大小,依次摊平在一个平面上,称为立体表面展开。

(11)对于圆柱类零件,由于圆柱表面具有平行的素线,通常采用平行线法作展开图。

(12)直圆管的展开图是一个矩形,其表面积等于断面长度与管长的乘积。

(13)对于圆锥体形零件表面,其展开图形状呈扇形,锥体表面素线在展开图中呈放射线状,故把此形状板件的展开方法称为放射线法。

(14)圆环面近似展开的方法是过圆环回转轴作若干平面,把圆环截切成相同的几段,再把每段按截头圆柱面进行展开,即得圆环面的近似展开图。

思考与练习

(一)填空题

1.根据熔化方式不同,熔化焊又分成电弧焊、_____、电渣焊、_____等四种方法。

2.气焊和_____是传统的焊接方式。

3.焊接速度_____,受空气阻力影响,或者遇到_____气流侵袭,保护层可能偏离钨极和熔池,从而使保护效果变差。

4.焊枪与焊件的夹角_____,会降低氩气的保护效果;夹角_____,操作及添加焊丝比较困难。

5.焊枪直线移动有三种方式:直线匀速移动、_____和直线往复移动。

6.横向摆动运丝是在焊接过程中,以焊缝中心线为基准做两侧的横向交叉摆动。常用的方式有:锯齿形、_____、_____、斜圆圈形等。

7.气焊横焊按熔焊走向也可分为_____和_____。

8.钣金件一般都是用薄钢板卷制或压制而成的,如_____、圆锥形制件等。

9.对于圆柱类零件,由于圆柱表面具有平行的素线,通常采用_____作展开图。

10.对于圆锥体形零件表面,其展开图形状呈扇形,锥体表面素线在展开图中呈放射线状,故把此形状板件的展开方法称为_____。

(二)简答题

1.焊接方法可归纳为哪三大类?

2.根据熔化方式不同,熔化焊又分成哪几种方式?

3.什么叫立焊?

4.什么叫横焊?

5. 展开图的作图方法有哪几种？

6. 钣金展开的基本原理和基本方法是什么？

7. 什么叫钣金件？

8. 立体表面展开指的是什么？

参 考 文 献

[1] 毛之颖. 机械制图[M]. 2 版. 北京:高等教育出版社,2001.

[2] 柳燕君,应龙泉,潘陆桃. 机械制图[M]. 北京:高等教育出版社, 2010.

[3] 闻健萍. 钳工实训[M]. 北京:高等教育出版社,2010.

[4] 中国汽车维修行业协会. 车身修复(模块 F)[M]. 北京:人民交通出版社,2008.

[5] 邹新升. 汽车钣金[M]. 天津:天津科学技术出版社,2014.